utb 4646

Eine Arbeitsgemeinschaft der Verlage

Böhlau Verlag · Wien · Köln · Weimar
Verlag Barbara Budrich · Opladen · Toronto
facultas · Wien
Wilhelm Fink · Paderborn
Narr Francke Attempto Verlag / expert verlag · Tübingen
Haupt Verlag · Bern
Verlag Julius Klinkhardt · Bad Heilbrunn
Mohr Siebeck · Tübingen
Ernst Reinhardt Verlag · München
Ferdinand Schöningh · Paderborn
transcript Verlag · Bielefeld
Eugen Ulmer Verlag · Stuttgart
UVK Verlag · München
Vandenhoeck & Ruprecht · Göttingen
Waxmann · Münster · New York
wbv Publikation · Bielefeld

Gerrit Nandi

Vorkurs Physik für Ingenieure

2. Auflage

expert verlag · Tübingen

Prof. Dr. **Gerrit Nandi** ist an der DHBW Heidenheim tätig. Er hält Vorlesungen zu Mathematik und Statistik, Wellen und Optik, Thermodynamik, Strömungslehre, Simulationstechnik, Technische Statistik und Robotik.

Umschlagabbildung: Martin Capec, fotolia

Bibliografische Information der Deutschen Bibliothek
Die Deutsche Bibliothek verzeichnet diese Publikation in der Deutschen Nationalbibliografie; detaillierte bibliografische Daten sind im Internet über http://dnb.dnb.de abrufbar.

2. Auflage

Internet: www.expertverlag.de
eMail: info@verlag.expert

Einbandgestaltung: Atelier Reichert, Stuttgart
CPI books GmbH, Leck

utb-Nr. 4646
ISBN 978-3-8252-5318-9 (Print)
ISBN 978-3-8385-5318-4 (ePDF)

Vorwort

Die Gruppe der Studienanfänger ist sehr heterogen, da angehende Studierende von verschiedenen Schularten kommen. Obendrein nehmen manche direkt im Anschluss an ihre Schulzeit ihr Studium auf, andere erst nach mehrjähriger Pause. Umso wichtiger ist es daher, dass zu Studienbeginn hinsichtlich der relevanten Vorkenntnisse alle auf einem vergleichbaren Stand sind.

Das vorliegende Buch soll im Bereich Physik einen Beitrag dazu leisten. Es enthält eine Auswahl der wichtigsten Themen aus der Schulphysik. Ein besonderer Fokus liegt dabei auf dem Übungsaspekt und dem Schulen von Vorgehensweisen beim Lösen physikalischer Aufgaben.

Da die Physik ein wichtiges Grundlagenfach für ingenieur- und naturwissenschaftliche Studiengänge ist, die grundlegende Physik aber vom Studienfach unabhängig ist, kann dieses Buch für Studienanfänger aller Ingenieurdisziplinen und der Naturwissenschaften an Universitäten, Hochschulen für angewandte Wissenschaften bzw. Fachhochschulen, Dualen Hochschulen etc. dienen.

Ein besonderer Dank geht an Matthias Bosch (B.Eng.), der bei der Erstellung der Grafiken sehr behilflich war.

Nun wünsche ich allen Studienanfängerinnen und -anfängern eine interessante Lektüre dieses Buchs sowie einen guten Start und viel Erfolg beim Studium!

Heidenheim, Juli 2020 Gerrit Nandi

Hinweise zum Buch

Hinweise für Studierende

- Physik lernt man am besten durch Beispiele und das *selbstständige* Bearbeiten von Aufgaben.
- Das Buch enthält daher zahlreiche Beispiele, Musteraufgaben und Übungsaufgaben.
- Die Beispiele sind oft kurz und illustrieren z. B. eine Formel, es gibt aber auch komplexere Beispiele. Die Musteraufgaben stellen mit sich direkt anschließender Musterlösung exemplarisch dar, auf welchem Niveau der/die Studierende physikalische Aufgaben zum betreffenden Thema lösen können soll. Die Übungsaufgaben sollen dann weitere Übungsmöglichkeiten bieten. Lösungen hierzu finden sich in Anhang 1.
- Wem die Anzahl der Beispiele und Aufgaben noch nicht ausreicht, der kann sich ausgehend von diesen ähnliche Aufgaben mit anderen Zahlenwerten oder leicht veränderter Aufgabenstellung überlegen. Es empfiehlt sich auch, alle Beispiele und Aufgaben *selbstständig* durchzurechnen und erst zum Schluss mit der im Buch angegebenen Lösung zu vergleichen.
- Die mit *Vertiefung* gekennzeichneten Passagen können beim ersten Durcharbeiten auch weggelassen werden und sind für das Grundverständnis nicht zwingend nötig.
- Es empfiehlt sich, *rechtzeitig* vor dem Studium damit zu beginnen, *regelmäßig* Physikaufgaben zu trainieren. Das gilt umso mehr für angehende Studierende mit geringen Vorkenntnissen.

Hinweise zu den Übungsaufgaben

Die Übungsaufgaben haben unterschiedliche Schwierigkeitsgrade, die mit **!**, **!!** und **!!!** gekennzeichnet sind. Dabei bedeuten:

! Einfach: Direktes Umsetzen von Formeln und geringer mathematischer Anspruch.

!! Mittel: Ggf. Kombination mehrerer Formeln. Gewisse Transferleistung und / oder mathematische Umformungen notwendig.

!!! Anspruchsvoll: Deutliche Transferleistung und / oder längere und anspruchsvollere Rechnung, aber mit Gymnasialmathematik lösbar.

Die Einteilung ist natürlich subjektiv. Man lasse sich auch von anspruchsvolleren Aufgaben nicht abschrecken oder entmutigen. Es wurde angestrebt, die meisten Aufgaben auf mittlerem Schwierigkeitslevel zu gestalten.

Hinweise für Dozenten

An vielen Hochschulen finden in den ingenieurs- und naturwissenschaftlichen Studiengängen Mathematik-Vorbereitungskurse statt. Zunehmend besteht jedoch auch der Bedarf an Physik-Vorkursen. Das vorliegende Buch kann von Dozenten zur Vorbereitung entsprechender Kurse herangezogen werden. Je nach Stundenumfang empfiehlt sich eine geeignete Themenauswahl. In den meisten Fällen wird es sich anbieten, die Prioritäten folgendermaßen zu setzen:

- Zunächst die Abschnitte 2.1 bis 2.7 (nicht zwingend alles in gleicher Ausführlichkeit)
- Dann ausgewählte Abschnitte von Kapitel 3 oder Kapitel 4
- Schließlich die restlichen Abschnitte

D. h., es können und müssen in einem Physik-Vorkurs auch nicht alle Themen aus diesem Buch abgehandelt werden.

Im Buch verwendete Symbole

Besonders wichtige *Definitionen* und *physikalische Gesetze* sowie die *nummerierten Beispiele* und *Übungsaufgaben* werden im Buch durch die folgenden Symbole nochmals hervorgehoben:

Beispiel 	Übungsaufgaben 
Definition 	Physikalisches Gesetz oder Axiom 

Ein physikalisches Gesetz folgt aus Experimenten und /oder theoretischen Überlegungen, der Begriff „Axiom“ wird in Abschnitt 2.1 kurz erläutert.

Inhalt

1 Einführung

1.1 Was ist Physik?

Die Physik ist die vielleicht grundlegendste Naturwissenschaft. Sie befasst sich mit der unbelebten Natur. In der Physik wird versucht, die Naturgesetze durch reproduzierbare Experimente zu erfassen und ein damit übereinstimmendes Theoriegebäude zu errichten, welches Zusammenhänge erklären und gegebenenfalls neue Effekte vorhersagen kann, die dann wiederum experimentell zu überprüfen sind.

Die klassische Physik besteht aus den Bereichen

- Klassische Mechanik (inklusive mechanische Wellen und Akustik),
- Thermodynamik (Wärmelehre),
- Elektrodynamik (diese erklärt die Phänomene der Elektrizität und des Magnetismus, aber hierunter fällt auch die Optik).

Hinzu kommt die so genannte moderne Physik. Im weitesten Sinne umfasst sie die Bereiche

- Spezielle und Allgemeine Relativitätstheorie,
- Quantentheorie.

Im vorliegenden Buch befassen wir uns ausschließlich mit den Bereichen der klassischen Physik, wobei wir uns auf wesentliche Aspekte der Schulphysik beschränken. In der Schule werden zwar auch Aspekte der modernen Physik gelehrt – und das völlig zu Recht. Für einen studienvorbereitenden Kurs erscheint aber die Fokussierung auf die klassische Physik sinnvoll, da je nach Studienfach der Schwerpunkt auf dieser liegt bzw. gerade zu Beginn in jedem Fall Themen aus der klassischen Physik stehen werden. Ist man dann erst einmal in der Gedankenwelt der Physik angekommen und hat die ersten Semester geschafft, wird auch – wo erforderlich – die Beschäftigung mit der modernen Physik zu bewältigen sein.

Eine weitergehende allgemeine Einführung zum Thema Physik bzw. physikalischer Erkenntnisprozess findet sich beispielsweise in [1].

1.2 Wozu Physik?

Physikalische Gesetze bilden die Grundlage zahlreicher technischer Anwendungen. Daher hören alle Studierenden der verschiedensten Ingenieursdisziplinen diverse Physikvorlesungen. Je nach Fachrichtung konzentrieren sich diese mehr auf die Mechanik oder auf die Elektrotechnik, aber oft auch auf die Thermodynamik oder gegebenenfalls auf die Optik. Etwas von allen genannten Disziplinen wird jedoch praktisch immer auf dem Pflichtprogramm stehen. Doch auch in den Naturwissenschaften Biologie und Chemie sowie in der Medizin benötigt man solide physikalische Kenntnisse, die in den ersten Semestern vermittelt werden. Die genauen Anforderungen kann man den Studien- und Modulplänen der betreffenden Studiengänge entnehmen. Der Tatsache, dass praktisch immer mit der Mechanik begonnen wird, und auch in den meisten Fällen die Elektrizitätslehre eine Rolle spielt, wurde durch den Aufbau dieses Buches Rechnung getragen, welches den Fokus auf diese beiden Disziplinen legt. Von großer Bedeutung sind in vielen Ingenieursfächern und auch in den Naturwissenschaften jedoch ebenfalls die Thermodynamik sowie die Optik, so dass diese auch in diesen Vorkurs aufgenommen wurden.

Neben diesen pragmatischen Gesichtspunkten ist die Beschäftigung mit physikalischen Fragestellungen einfach eine stets spannende Herausforderung. Dass es dabei manchmal auch anstrengend werden kann, gehört eben dazu.

1.3 Ziele des Physik-Vorkurses

Dieser Physik-Vorkurs soll angehenden Studierenden den Start in ein ingenieur- oder naturwissenschaftliches Studium erleichtern – und hoffentlich auch ein wenig Begeisterung für die Beschäftigung mit physikalischen Aufgaben wecken, sofern diese nicht ohnehin bereits vorhanden ist.

Dabei wurden ausgewählte, für ingenieur- und naturwissenschaftliche Studiengänge zu Beginn besonders wichtige Themen in den Fokus gerückt. Die Themenauswahl wurde in den Abschnitten 1.1 und 1.2 bereits begründet. Es ist dabei hervorzuheben, dass es bei einem Vorkurs *nicht* um eine vollständige Wiederholung *aller* in der Schule unterrichteten physikalischen Themen gehen kann. In den Physikvorlesungen zu Studienbeginn an den Universitäten und Hochschulen wird in der Regel bei null angefangen. Das bedeutet, dass ein Einstieg prinzipiell auch praktisch ohne Vorwissen möglich ist. Allerdings ist das Tempo sehr hoch, so dass es äußerst vorteilhaft ist, wenn man bereits zu Studienbeginn in der Gedankenwelt der Physik angekommen ist.

Daher ist es nicht unbedingt entscheidend, nach der Lektüre dieses Buches alle hierin enthaltenen Themen und Aufgaben bis ins letzte Detail zu beherrschen. Aber mit diesem Buch soll

- ein Grundverständnis, welches zu Studienbeginn vorteilhaft sein wird, zu den hier dargestellten Themengebieten vermittelt werden,
- Fachwissen aufgefrischt bzw. Wissenslücken geschlossen werden,
- dargestellt werden, welche mathematischen Methoden beim Lösen physikalischer Aufgaben auf Schulniveau häufig vorkommen und daher zu Studienbeginn vorausgesetzt werden können,
- Vertrautheit und Routine beim Lösen physikalischer Aufgaben geschaffen werden,
- und somit auch eventuell vorhandene Vorbehalte oder Ängste gegenüber der Physik genommen werden.

Es mag angehende Studierende geben, die in der Schule sehr wenig Physik hatten oder bei denen die Schulzeit bereits so lange her ist, dass sie das meiste aus der Schulphysik vergessen haben. Diese Studierenden sollen sich die Anfangskapitel dieses Buches herausgreifen (vgl. dazu auch Hinweise zum Buch) und ausgewählte Inhalte sorgfältig durcharbeiten. Wichtig für diesen Personenkreis ist es, von Anfang an zu lernen, physikalisch zu denken, und zu beherzigen, was beim Lösen einer Physikaufgabe zu beachten ist (vgl. dazu auch die Abschnitte 1.4 bis 1.6). Andere angehende Studierende haben möglicherweise bereits ein großes physikalisches Wissen und auch hohe physikalische Problemlösekompetenzen. Diesen mag das Buch als geeignete Wiederholung und Auffrischung dienen.

1.4 Wie löst man eine Physikaufgabe?

Jede Physikaufgabe ist anders, und es gibt kein Rezept, dessen Anwendung in 100 % der Fälle zum Erfolg führt – das macht ja auch den Reiz der Physik aus. Aber es gibt eine systematische Vorgehensweise, welche die Lösungsfindung bei vielen Physikaufgaben erleichtern wird:

[1] *Welche Größen sind gegeben (bekannt), welche sind gesucht?*
Physikaufgaben kommen meist als Textaufgaben vor. Man muss also zunächst die essentiellen Informationen aus dem Text und eventuell vorhandenen Skizzen herauslesen.

[2] *Hilft mir eine eigene kleine Skizze weiter?*
Oftmals ja.

[3] *Welche Formeln benötige ich zur Lösung?*
Benötige ich eventuell *mehrere* Formeln?

[4] *Muss ich mir Formeln selber herleiten oder kann ich bekannte Formeln verwenden?*
Zu beachten: Bevor man etwas stur in eine Formel einsetzt, sollte man kurz checken, ob die Formel in der angegebenen Form genau zu den bekannten Angaben passt.

[5] *Wie löse ich die Formel(n) nach der bzw. den gesuchten Größen auf?*
Dabei ist es meist vorteilhaft, zunächst keine Zahlenwerte einzusetzen, sondern eisern auf eine Endformel hinzuarbeiten, in welcher schließlich nur gegebene Größen stehen. Dies erscheint manchmal mühsam, bringt aber oft enorme Vorteile, z. B. weil man dann am Ende sieht, in welcher Weise die einzelnen gegebenen Größen zum Endergebnis beitragen. Und es fällt nun auch nicht mehr schwer, die gleiche Aufgabe mit anderen Zahlenwerten zu berechnen – man muss diese dann lediglich noch in die Endformel einsetzen.

[6] *Habe ich Zahlenwerte und Einheiten richtig eingesetzt und umgerechnet?*
Setzt man nun die Zahlenwerte ein, so sind unbedingt alle *physikalischen Einheiten* konsequent mitzuführen (vgl. dazu auch Abschnitt 1.5)!

[7] *Ist mein Ergebnis plausibel?*
Ist die *Größenordnung* plausibel? Hat es die richtige *Einheit*?

[8] *Was sagt mir das Ergebnis?*
Nicht selten ist es dann noch interessant, das Ergebnis zu interpretieren.

1.5 Physikalische Größen, Einheiten, SI-Einheiten

Physikalische Größen und Einheiten:

Eine *skalare physikalische Größe* X besitzt einen *Zahlenwert*, gekennzeichnet durch $\{X\}$ sowie eine *Einheit*, dargestellt durch $[X]$, d. h.

$$X = \{X\} \cdot [X].$$

Beispiel:

Eine Person hat eine Masse von 65 kg. Die physikalische Größe „Masse" wird mit m abgekürzt, hier gilt also $m = 65\,\text{kg}$, wobei $\{m\} = 65$ und $[m] = 1\,\text{kg}$ (die 1 kann auch weggelassen werden, man schreibt sie aber meist dazu).

Basisgrößen und SI-Einheiten:

In der Physik wurden im Rahmen des *Internationalen Einheitensystems* (*SI*) sieben *Basisgrößen* festgelegt, auf die alle *anderen physikalischen Größen zurückgeführt* werden können. Dabei handelt es sich um folgende Größen:

- Zeit t, wobei $[t] = 1$ Sekunde $= 1\,\text{s}$
- Länge l, wobei $[l] = 1$ Meter $= 1\,\text{m}$
- Masse m, wobei $[m] = 1$ Kilogramm $= 1\,\text{kg}$
- Elektrische Stromstärke I, wobei $[I] = 1$ Ampère $= 1\,\text{A}$
- Temperatur T, wobei $[T] = 1$ Kelvin $= 1\,\text{K}$
- Lichtstärke I_V, wobei $[I_V] = 1$ Candela $= 1\,\text{cd}$
- Stoffmenge n, wobei $[n] = 1$ Mol $= 1\,\text{mol}$

- Dazu ist zu bemerken, dass die Formelzeichen auch von Autor zu Autor bzw. von Disziplin zu Disziplin variieren können. So wird z. B. in der Elektrotechnik häufig der Kleinbuchstabe i für die Stromstärke verwendet. Daher vergewissere man sich stets zunächst, welche physikalischen Größen bei einer Formel gemeint sind.

- Alle weiteren SI-Einheiten können aus den Basiseinheiten *kohärent* abgeleitet werden. Damit ist gemeint, dass keine weiteren Zahlenfaktoren nötig sind.

Beispiel:

Die Einheit $1\,\frac{\mathrm{m}}{\mathrm{A}g\mathrm{s}}$ für die Geschwindigkeit ist *kohärent*, d. h. eine SI-Einheit. Dagegen ist die Einheit $1\,\frac{\mathrm{km}}{\mathrm{h}}$ *inkohärent*, also keine SI-Einheit. Denn weder Kilometer (km) noch Stunde (h) sind SI-Einheiten (aber natürlich kann man sie in SI-Einheiten umrechnen, denn $1\,\mathrm{km} = 1000\,\mathrm{m}$ und $1\,\mathrm{h} = 3600\,\mathrm{s}$).

Häufig vorkommende dezimale Vielfache und Teile (von Einheiten):

dezimaler Vorsatz	Abk.	Faktor	dezimaler Vorsatz	Abk.	Faktor
Peta	P	10^{15}	Dezi	d	10^{-1}
Tera	T	10^{12}	Zenti	c	10^{-2}
Giga	G	10^{9}	Milli	m	10^{-3}
Mega	M	10^{6}	Mikro	μ	10^{-6}
Kilo	k	10^{3}	Nano	n	10^{-9}
Hekto	h	10^{2}	Pico	p	10^{-12}

Beispiele:

1. $2\,\mathrm{dm} = 2 \cdot 10^{-1}\,\mathrm{m} = 0{,}2\,\mathrm{m}$.
2. $3{,}5\,\mathrm{GJ} = 3{,}5 \cdot 10^{9}\,\mathrm{J}$.

Skalare und vektorielle Größen:

Es muss noch zwischen *skalaren* und *vekoriellen* Größen unterschieden werden.

- *Skalare Größen*: charakterisiert durch Zahlenwert und Einheit.
- *Vektorielle Größen*: charakterisiert durch Zahlenwert, Einheit und *Richtung*, siehe auch 1.7.1.

Eine ausführlichere Darstellung zum Themenkomplex physikalische Größen und Einheiten (inklusive SI-Einheiten) findet sich beispielsweise in [1] und [2].

1.6 Messgenauigkeit, sinnvolles Runden

- Physikalische Größen sind nur im Rahmen ihrer *Messgenauigkeit* bekannt. Es gibt also stets eine gewisse *Messunsicherheit.*
- Rechnet man daher mit physikalischen Größen, so ist auch das *Ergebnis* immer mit einer *Unsicherheit* behaftet.

Beispiel:

Misst man die Körpergröße einer Person mit einem Maßband, so ist die Messunsicherheit durch die Genauigkeit der Ablesung am Maßband bestimmt. Beispielsweise ist dann nur eine Ablesung auf ganze (oder vielleicht halbe) Zentimeter genau möglich.

Daraus ergibt sich, dass *Ergebnisse sinnvoll gerundet* werden sollten, um nicht eine höhere Genauigkeit vorzugaukeln als tatsächlich vorhanden.

Beispiel:

Die *Entfernung* zwischen zwei Orten beträgt 1,2 km. Ein Auto legt diese Entfernung in einer *Fahrzeit* von 70,0 s zurück. Dann beträgt seine *durchschnittliche Geschwindigkeit* (vgl. dazu Abschnitt 2.4.2)

$$\bar{v} = \frac{1{,}2\,\mathrm{km}}{70{,}0\,\mathrm{s}} = 0{,}0171428\ldots\frac{\mathrm{km}}{\mathrm{s}} = 17{,}1428\ldots\frac{\mathrm{m}}{\mathrm{s}}.$$

In diesem Fall ist die *Strecke* nur auf *zwei gültige Ziffern* genau bekannt (der *exakte Wert* der Strecke ist *unbekannt*, er könnte z. B. 1,1634 km betragen). Es macht also auch einen Unterschied, ob man 1,2 km schreibt oder 1,20 km. Im letzteren Fall ist die *Strecke* auf *drei gültige Ziffern* genau bekannt. Entsprechend ist in diesem Beispiel die *Fahrzeit* auf *drei gültige Ziffern* bekannt.

Das *Endergebnis* sollte in unserem Beispiel nun auf *zwei gültige Ziffern* angegeben werden, denn die *ungenaueste Größe*, die in die Rechnung eingeht, bestimmt die *Genauigkeit des Endergebnisses.*

Es ist also sinnvoll, das Ergebnis in der Form

$$\bar{v} = \frac{1{,}2\,\mathrm{km}}{70{,}0\,\mathrm{s}} = 0{,}017\,\frac{\mathrm{km}}{\mathrm{s}} = 17\,\frac{\mathrm{m}}{\mathrm{s}}$$

anzugeben.

Mathematisch ist das natürlich alles andere als korrekt, aber *physikalisch* ist das zweite Gleichheitszeichen im Rahmen der Messgenauigkeit richtig. Man könnte auch das Symbol $\approx$ verwenden, also $\bar{v} = \frac{1{,}2\,\mathrm{km}}{70{,}0\,\mathrm{s}} \approx 0{,}017\,\frac{\mathrm{km}}{\mathrm{s}} = 1{,}7\,\frac{\mathrm{m}}{\mathrm{s}}$. In der Physik benutzt man hier aber oft einfach das Gleichheitszeichen im Sinne von „gleich im Rahmen der Messgenauigkeit".

Das Thema Messunsicherheit ist eigentlich wesentlich komplexer und beinhaltet auch statistische Aspekte. Eine ausführlichere Darstellung findet sich beispielsweise in [1]. Allerdings ist es für viele praktische Zwecke sinnvoll und ausreichend, mit der *Methode der gültigen Ziffern* zu rechnen.

1.7 Ein paar mathematische Grundlagen

Die Mathematik ist in gewisser Weise die Sprache der Physik – und somit mehr als eine lästige Hilfswissenschaft. Wir wiederholen an dieser Stelle ganz kurz einige wichtige Grundlagen, verweisen aber ansonsten auf mathematische Vorkurse für Studienanfänger, z. B. [3], sowie die mathematische Formelsammlung [4], welche auch im weiteren Studium hilfreich ist. Ferner sei auch auf das Lehrbuch [5] hingewiesen.

1.7.1 Bogenmaß, Trigonometrie und Vektoren

Bogenmaß:

- Winkel können in Grad (°) oder im *Bogenmaß* (Einheit: 1 Radiant, Abkürzung 1 rad) angegeben werden. Dabei gilt 2π rad $= 360°$. Die Einheit 1 rad wird auch oft weggelassen.
- Rechnet man mit dem *Taschenrechner* mit den *trigonometrischen Funktionen* (Sinus, Kosinus, Tangens, ...) von Winkeln im *Bogenmaß*, so muss unbedingt von DEG auf RAD umgestellt werden!
- Umrechnung zwischen ° und rad:

$$\alpha \text{ (in rad)} = \alpha \text{ (in °)} \cdot \frac{\pi}{180°}$$

bzw.

$$\alpha \text{ (in °)} = \alpha\text{(in rad)} \cdot \frac{180°}{\pi}$$

Beispiel:

a) Ein Winkel von 60° entspricht also $60° \cdot \frac{\pi}{180°} = \frac{\pi}{3}$ rad im Bogenmaß. Wie oben bereits angegeben, wird statt $\frac{\pi}{3}$ rad oft einfach $\frac{\pi}{3}$ geschrieben.

b) Der Winkel $\frac{11\pi}{12}$ entspricht $\frac{11\pi}{12} \cdot \frac{180°}{\pi} = 165°$.

c) Oft muss man sinnvoll runden, z. B. entspricht ein Winkel von 211° gerundet $211° \cdot \frac{\pi}{180°} = 3{,}68$ (rad).

Einige trigonometrische Beziehungen:

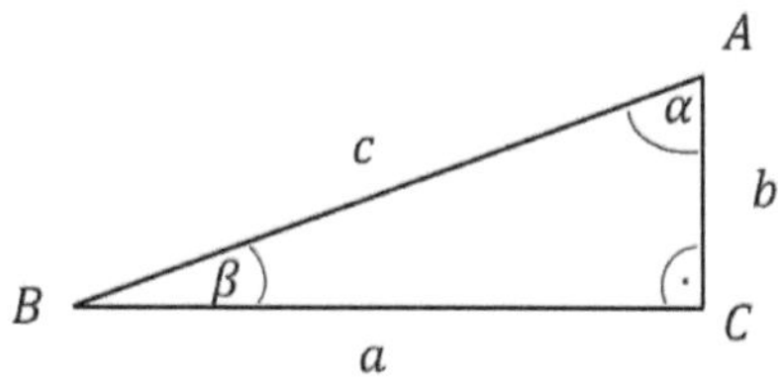

Abbildung 1.1: Rechtwinkliges Dreieck zur Definition von sin, cos und tan.

Am *rechtwinkligen* Dreieck *ABC* (vgl. dazu Abbildung 1.1) definiert man Sinus, Kosinus und Tangens wie folgt:

$$\sin\alpha = \frac{\text{Gegenkathete}}{\text{Hypotenuse}} = \frac{a}{c}, \quad \cos\alpha = \frac{\text{Ankathete}}{\text{Hypotenuse}} = \frac{b}{c}, \quad \textit{sowie}$$
$$\tan\alpha = \frac{\text{Gegenkathete}}{\text{Ankathete}} = \frac{a}{b} = \frac{\sin\alpha}{\cos\alpha}.$$

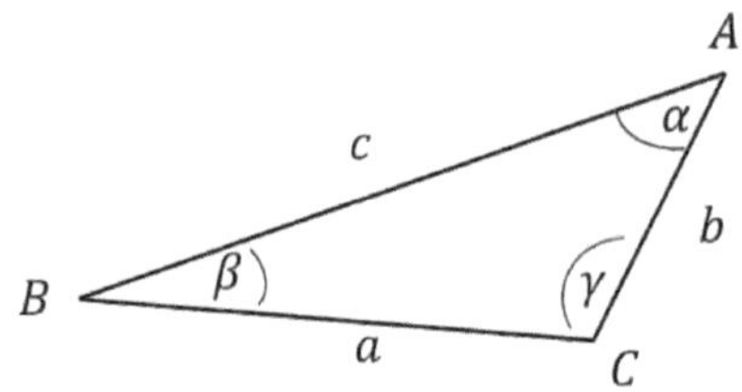

Abbildung 1.2: Dreieck zur Illustration des Sinus- und des Kosinussatzes.

Im *allgemeinen* Dreieck (vgl. dazu Abbildung 1.2) gelten

$$\frac{a}{\sin\alpha} = \frac{b}{\sin\beta} = \frac{c}{\sin\gamma} \quad (\textit{Sinussatz})$$

und

$$c^2 = a^2 + b^2 - 2 \cdot a \cdot b \cdot \cos\gamma \quad (\textit{Kosinussatz}).$$

Der Kosinussatz ist auch sinngemäß auf die Winkel α und β übertragbar.

Die *Umkehrfunktionen* von *Sinus, Kosinus* und *Tangens* heißen *Arkussinus, Arkuskosinus* und *Arkustangens*, kurz arcsin, arccos und arctan.

Beispiel:

Gesucht ist die Lösung der Gleichungen

$$\text{a)}\ \sin\alpha = \frac{1}{2} \quad \textit{sowie} \quad \text{b)}\ \tan\alpha = 2{,}00$$

mit $0° \leq \alpha \leq 90°$.

$$\text{a)}\ \alpha = \arcsin\frac{1}{2} = 30° \quad \text{b)}\ \alpha = \arctan 2{,}00 = 63{,}4°.$$

Wir berechnen probehalber beide Winkel auch im Bogenmaß. Es ergibt sich dann

$$\text{a)}\ \alpha = \arcsin\frac{1}{2} = \frac{\pi}{6} \qquad \text{b)}\ \alpha = \arctan 2{,}00 = 1{,}11.$$

Trigonometrischer Pythagoras:

Für alle Winkel α gilt die Beziehung $(\sin\alpha)^2 + (\cos\alpha)^2 = 1$.
Übrigens schreibt man statt $(\sin\alpha)^2$ verkürzt $\sin^2\alpha$.

Vektoren:

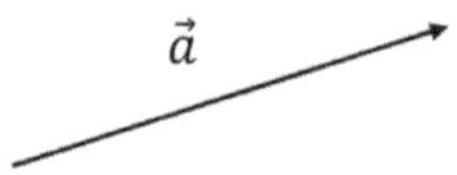

Abbildung 1.3: Zum Vektorbegriff.

- Vektoren haben einen *Betrag* und eine *Richtung* und – sofern es sich um physikalische Größen handelt – eine *Einheit*.
- Man kann daher einen Vektor $\vec{a}$ durch einen Pfeil darstellen (vgl. Abbildung 1.3), dessen Länge ein Maß für den Betrag ist und dessen Richtung durch die Gerade bestimmt ist, entlang derer der Vektor ausgerichtet ist. Oft wird zusätzlich der Begriff der *Orientierung* verwendet. Durch die Pfeilspitze ist die *Orientierung* festgelegt.
- Sprechen wir vom *Betrag* des Vektors, so schreiben wir $|\vec{a}|$, oder kurz *a*.
- Vektoren können als *freie, linienflüchtige* oder *gebundene* Vektoren auftreten.

- *Freie* Vektoren können beliebig zu sich selbst *parallel* verschoben werden, sie spielen in diesem Vorkurs aber keine bedeutende Rolle.
- Wichtiger sind hier die *linienflüchtigen* Vektoren, die längs ihrer *Wirklinie* verschoben werden können. *Kräfte* sind hier das wichtigste Beispiel, vgl. Abschnitt 2.3.
- *Gebundene* Vektoren sind z. B. *Ortsvektoren*. Der Ortsvektor $\overrightarrow{OP} = \vec{s}(P)$ eines Punkts P ist der Pfeil, der vom Ursprung eines Koordinatensystems O zu diesem Punkt zeigt.
- Zum Umgang mit Vektoren, wie wir ihn in diesem Vorkurs benötigen, siehe Abschnitt 2.3. Wir kommen hier mit wenigen Eigenschaften und Rechengesetzen aus. Eine ausführlichere Darstellung findet sich jedoch in [2] bzw. aus mathematischer Sicht in [3].

1.7.2 Differentialrechnung

Wir beschränken uns an dieser Stelle auf die Wiederholung elementarer Ableitungsregeln und verweisen ansonsten auf [3].

Elementare Ableitungsregeln:

Summen- und Faktorregel:

Gegeben seien zwei beliebige Funktionen $f(x)$ und $g(x)$, deren erste Ableitungen existieren. Die zugehörigen ersten Ableitungen bezeichnen wir mit $f'(x)$ und $g'(x)$. Möchte man dann die *zusammengesetzte* Funktion $h(x) = a \cdot f(x) + b \cdot g(x)$ ableiten, so gilt

$$h'(x) = a \cdot f'(x) + b \cdot g'(x).$$

(a und b sind hier beliebige, aber konstante Zahlen).

Produktregel:

Gegeben seien zwei beliebige Funktionen $f(x)$ und $g(x)$, deren erste Ableitungen existieren. Möchte man dann die *zusammengesetzte* Funktion $h(x) = f(x) \cdot g(x)$ ableiten, so gilt

$$h'(x) = f'(x) \cdot g(x) + f(x) \cdot g'(x).$$

Kettenregel:

Gegeben seien zwei beliebige Funktionen $f(x)$ und $g(x)$, deren erste Ableitungen existieren. Möchte man dann die *verkettete* Funktion $h(x) = f(g(x))$ ableiten, so gilt

$$h'(x) = f'(g(x)) \cdot g'(x).$$

Schreibweise in der Physik bei zeitlichen Ableitungen:

In der Physik taucht häufig die *Zeit* t als Variable auf. Tritt dann die erste Ableitung einer *zeitabhängigen* Funktion $f(t)$ auf, so schreibt man in der Physik für diese meistens $\dot{f}(t)$ (anstatt $f'(t)$).

Beispiele:

Wir bestimmen die folgenden ersten Ableitungen:

a) $h(x) = 3 \cdot \sin(x) + \frac{1}{6}x^3$, also $h'(x) = 3 \cdot \cos(\mathrm{x}) + \frac{1}{2}x^2$ (unter der Anwendung der *Summen-* und *Faktorregel*)
b) $u(x) = x \cdot \cos(\mathrm{x})$, also $u'(x) = \cos(x) - x \cdot \sin x$ (unter Anwendung der Produktregel)
c) $h(t) = 5 \cdot \cos(2t^2)$, also $\dot{h}(t) = -5 \cdot \sin(2t^2) \cdot 4t = -20t \cdot \sin(2t^2)$ (unter Anwendung der *Kettenregel*).

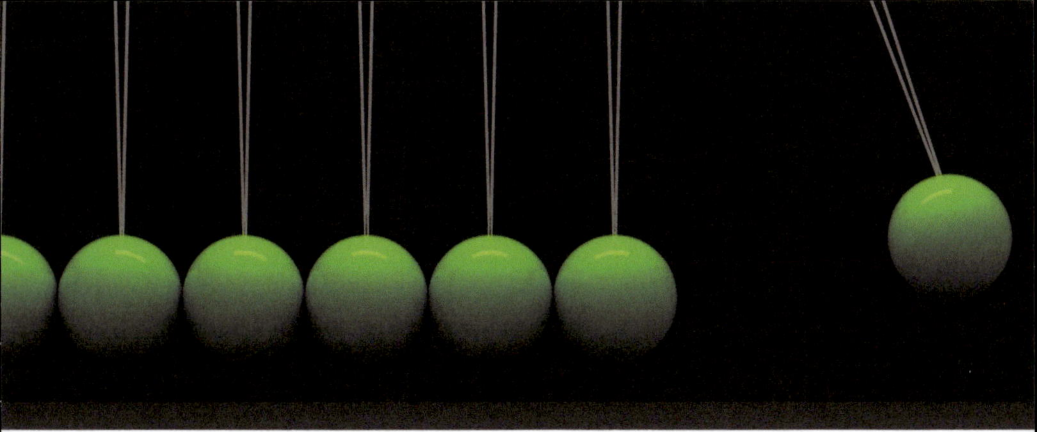

2 Mechanik

2.1 Was ist „klassische Mechanik"?

Die Mechanik beschäftigt die Menschheit schon seit Urzeiten und ist möglicherweise der anschaulichste Bereich der Physik. Sie behandelt ruhende und in Bewegung befindliche Körper sowie die dabei auftretenden Kräfte.

Jeder Mensch lernt von frühester Kindheit an intuitiv die Gesetze der Mechanik kennen, allen voran das Gesetz der Schwerkraft. Dennoch benötigte die Menschheit viel Zeit und außergewöhnliche Denker, bis die Gesetze der klassischen Mechanik konsistent, objektiv nachvollziehbar und überprüfbar formuliert wurden. Nachdem bereits u.a. griechische Philosophen Beiträge zur Mechanik geleistet hatten, gab es seit dem 16. Jahrhundert durch Astronomen wie Kopernikus, Kepler und später Galilei – gerade durch wieder erwachtes Interesse an der Astronomie – einen Schub in der Erforschung himmelsmechanischer, aber auch allgemein mechanischer Vorgänge.

Wir behandeln in diesem Vorkurs nur die *Mechanik des Massenpunktes*, das heißt alle Körper werden als *punktförmige* Massen aufgefasst. Die Hochschulmechanik umfasst dann zusätzlich die Mechanik von Punktsystemen, insbesondere die Mechanik ausgedehnter starrer Körper, aber auch die Mechanik von Flüssigkeiten und Gasen.

Die *klassische Mechanik* basiert auf den im nachfolgenden Abschnitt dargestellten *Newtonschen Axiomen* und beschreibt mechanische Vorgänge in der Alltagswelt und in der Technik in der Regel mit hervorragender

Präzision. Ein *Axiom* ist hier ein *Erfahrungssatz*, der durch Beobachtungen gewonnen wurde und die Naturgesetze korrekt zu beschreiben scheint, ohne dass er selbst aufgrund von tiefergehenden Prinzipien bewiesen werden könnte.

Erst auf atomarer Ebene muss die klassische Mechanik durch die *Quantenmechanik* ersetzt werden. Bei Körpern, welche sich annähernd mit Lichtgeschwindigkeit bewegen, ist eine Beschreibung im Rahmen der *relativistischen Mechanik* notwendig, vgl. z. B. [1] und [2].

2.2 Newtonsche Axiome

Mit Hilfe der folgenden Axiome kann die gesamte klassische Mechanik aufgebaut und erklärt werden. Wir formulieren diese zunächst, um ein theoretisches Fundament für das Mechanik-Kapitel zu legen. Allerdings verwenden wir hier gleich einige Fachbegriffe, wie *Kraft*, *Beschleunigung* und *Impuls*. Falls diese Begriffe noch nicht bekannt sind, braucht man sich nicht weiter zu sorgen. Sie werden im Verlauf des Kapitels 2 eingeführt und ausführlich besprochen. Man kann dann bei Bedarf während der Lektüre der hinteren Abschnitte von Kapitel 2 immer wieder auf diesen Abschnitt zurückgreifen und wird im Nachhinein die Bedeutung der Newtonschen Axiome erfassen können.

2.2.1 Formulierung der Newtonschen Axiome

1. Newtonsches Axiom: Trägheitsprinzip:

Ein Körper *verharrt im Ruhezustand* oder *im Zustand der gleichförmigen Bewegung*, wenn *keine äußeren Kräfte* an ihm angreifen, die ihn zur Änderung seines Bewegungszustands zwingen.

2. Newtonsches Axiom: Aktionsprinzip (Grundgesetz der Dynamik):

Wird ein *Körper beschleunigt*, so ist die *beschleunigende Kraft* $\vec{F}$ *proportional zu seiner Masse m und der Beschleunigung* $\vec{a}$. Es gilt also

$$\vec{F} = m \cdot \vec{a} \quad (\textit{Aktionsprinzip = Grundgesetz der Dynamik}).$$

Kraft und Beschleunigung sind *vektorielle* Größen, auf die wir in den nächsten Abschnitten weiter eingehen.

Vertiefung:

Allgemeiner gilt

$$\vec{F} = \dot{\vec{p}}$$

Das bedeutet: Eine *beschleunigende Kraft* geht mit einer *zeitlichen Änderung* des *Impulses* $\vec{p}$ des Körpers einher. Der Punkt über $\vec{p}$ in der obigen Gleichung bezeichnet die zeitliche Ableitung, also die zeitliche Änderung des Impulses.

3. Newtonsches Axiom: Reaktionsprinzip

Kräfte zwischen *zwei* Körpern treten *paarweise* auf. Übt ein Körper A auf einen anderen Körper B eine Kraft aus (*actio*), so wirkt eine *gleich große*, aber *entgegen gerichtete* Kraft von Körper B auf Körper A (*reactio*).

Man beachte hierbei, dass dazu immer *zwei* Körper im Spiel sein müssen. In Formeln schreibt man auch

$$\vec{F}_{A\to B} = -\vec{F}_{B\to A} \quad (\textit{Reaktionsprinzip, „actio = reactio“}).$$

Zusatz zu den Newtonschen Axiomen: Überlagerungsprinzip (= Superpositionsprinzip)

Wirken auf einen Massenpunkt *mehrere* Kräfte ein, so *addieren* sie sich in diesem Punkt *vektoriell* zu einer *resultierenden Kraft*. Man spricht dann auch von einer *Überlagerung* oder *Superposition* der Kräfte.

2.2.2 Beispiele

Beispiel 1:

Ein Raumschiff bewegt sich zu einem bestimmten Zeitpunkt mit einer bestimmten Geschwindigkeit durch den Weltraum. Alle Triebwerke sind abgeschaltet.

a) Wie bewegt sich das Raumschiff in den folgenden Stunden weiter?
b) Unter welchen Annahmen ist dies korrekt?
c) Was geschieht, wenn sich das Raumschiff in der Nähe eines Planeten befindet?

Lösung:

a) Nach dem Trägheitsprinzip behält das Raumschiff seinen Bewegungszustand bei, d. h. es wird nicht langsamer oder schneller. Es ändert auch nicht seine Bewegungsrichtung.
b) Diese Annahme ist nur richtig, wenn sich das Raumschiff im „schwerelosen" Raum befindet, d. h. wenn der Einfluss der Schwerkraft von Sternen, Planeten oder sonstigen interstellaren Objekten auf das Raumschiff vernachlässigt werden kann. Ebenso darf keine Reibung vorhanden sein, etwa durch interstellaren Staub oder dergleichen.
c) In der Nähe eines Planeten wird das Raumschiff aufgrund der Schwerkraft (Gravitation), die der Planet auf das Raumschiff ausübt, von seiner geradlinigen Bahn abgelenkt werden. Der Planet wird also die Bewegung des Raumschiffs aufgrund des 2. Newtonschen Axioms (Aktionsprinzip) beeinflussen.

Beispiel 2:

Afra und Bert ziehen jeweils an einem Ende desselben Seils. Abbildung 2.1 veranschaulicht das Prinzip von Kraft und Gegenkraft (actio und reactio).

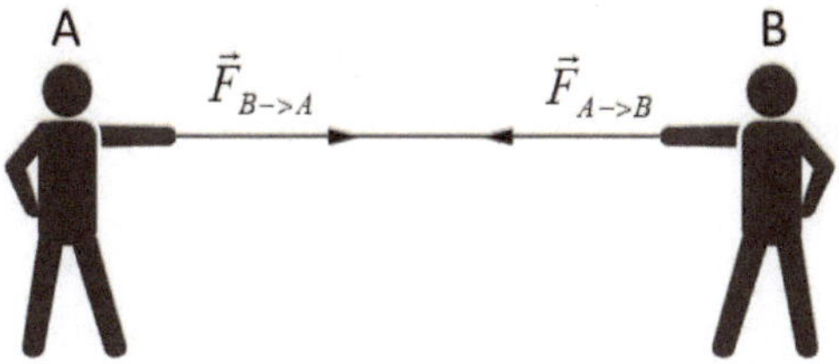

Abbildung 2.1: Reaktionsprinzip

Beispiel 3:

Im folgenden Beispiel greifen in Abbildung 2.2 a) bzw. b) jeweils an einem Punkt A die Kräfte $\vec{F}_1$ und $\vec{F}_2$ an. Diese können dann gestrichen und durch die *resultierende* Kraft $\vec{F}_R$ ersetzt werden. Grafisch veranschaulicht man dies durch das Durchstreichen der Vektoren $\vec{F}_1$ und $\vec{F}_2$ (siehe Abbildung 2.2). Stattdessen wird der *resultierende* Kraftvektor $\vec{F}_R = \vec{F}_1 + \vec{F}_2$ (Vektorsumme) eingezeichnet.

Man beachte also, dass man bei der Überlagerung von Kräften, die am selben Punkt angreifen, nicht einfach nur die *Beträge* addieren darf, sondern auch die *Richtungen*, in die die Kräfte wirken, berücksichtigen muss (daher die *vektorielle* Addition), siehe auch Abschnitt 2.3.2.

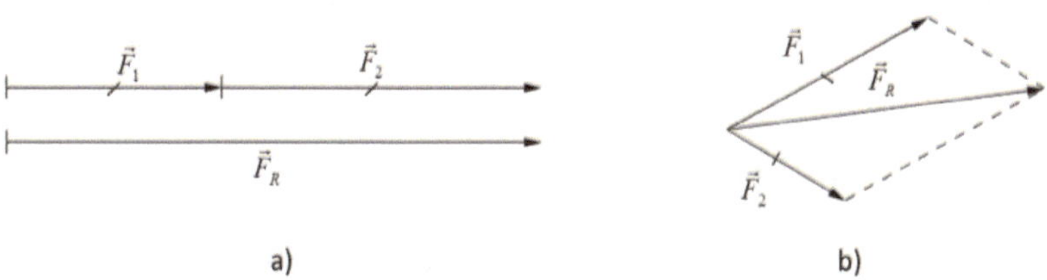

Abbildung 2.2: Superpositionsprinzip

2.3 Kräfte und Masse

2.3.1 Was sind Kräfte?

Eine *Kraft* $\vec{F}$ wird durch ihre *Wirkung* auf einen Körper bzw. Massenpunkt definiert. Ein Körper ist dabei ein beliebiges Objekt, dem eine Masse m zugeordnet ist (vgl. Abschnitt 2.3.3).

- Die Kraft ist eine *vektorielle* Größe, d. h. sie besitzt einen *Betrag* und eine *Richtung*.
- *Einheit* der Kraft: $[\vec{F}] = 1\text{ Newton} = 1\,\text{N}$.
  Wir gehen auf diese Einheit und auf die rechnerischen Aspekte in Bezug auf Kräfte in den folgenden Abschnitten näher ein.

Beispiel 4:

Adam lässt einen Apfel, den er in der Hand hat, los. Auf den Apfel wirkt nun als einzige Kraft die Gewichtskraft („Erdanziehungskraft"). Er wird in Richtung des Erdbodens beschleunigt und fällt somit nach unten – die Beschleunigung ist hier die Wirkung der Schwerkraft.

An diesem Beispiel erkennt man bereits, dass eine Kraft keine rein skalare Größe (vgl. Abschnitte 1.5 und 1.7.1) ist, sondern *Vektorcharakter* besitzt. Die „Stärke" der Kraft ist durch ihren *Betrag* gegeben. Ebenso wichtig ist jedoch auch die Richtung, entlang derer die Kraft wirkt – im beschriebenen Beispiel zeigt sie in Richtung des Erdbodens.

2.3.2 Addieren von Kräften

Addieren von Kräften (zeichnerisch), Kräfteparallelogramm:

In Abschnitt 2.2 haben wir das *Superpositionsprinzip* für Kräfte kennengelernt (vgl. auch Abbildung 2.2). Wir greifen dies in Abbildung 2.3 nochmals auf und erklären die einzelnen Schritte zur *zeichnerischen* Ermittlung der *resultierenden* Kraft.

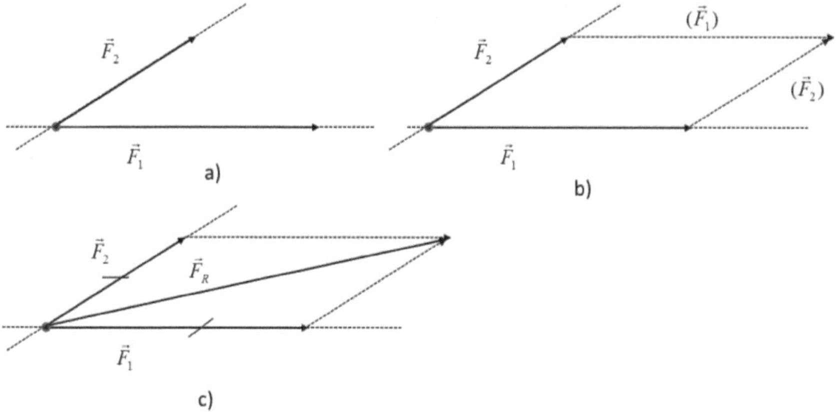

Abbildung 2.3: Addition von Kräften (zeichnerische Ermittlung)

Die Kräfte $\vec{F}_1$ und $\vec{F}_2$ greifen im selben Punkt an. In Abbildung 2.3 a) sind die Kräfte dargestellt. Die gestrichelten verlängerten Linien stellen die jeweilige *Wirklinie* der Kraft dar.

Um nun die resultierende Kraft $\vec{F}_R$ *zeichnerisch* zu ermitteln, geht man wie bei der Vektoraddition vor: Zunächst verschiebt man $\vec{F}_1$ und $\vec{F}_2$ jeweils parallel und setzt diese an die Pfeilspitzen an, so dass ein Parallelogramm entsteht, das *Kräfteparallelogramm.* (Abbildung 2.3 b).

Die in Abbildung 2.3 b) in Klammern gesetzten Kräfte sind nicht zusätzliche Kräfte, sondern dienen als Hilfskonstruktion, um die resultierende Kraft darzustellen.

Die *gerichtete Diagonale* im konstruierten Kräfteparallelogramm (Abbildung 2.3 c)) ist nun die gesuchte *resultierende Kraft* $\vec{F}_R$. Damit nicht der Eindruck entsteht, es gäbe nun drei Kräfte, nämlich $\vec{F}_1$, $\vec{F}_2$ und $\vec{F}_R$, werden die Vektorpfeile von $\vec{F}_1$ und $\vec{F}_2$ *durchgestrichen.* Die resultierende Kraft *ersetzt* die beiden ursprünglichen Kräfte.

Addieren von Kräften (rechnerisch): Ermittlung von Betrag und Richtung der resultierenden Kraft:

Bestimmung des Betrags von $\vec{F}_R$:

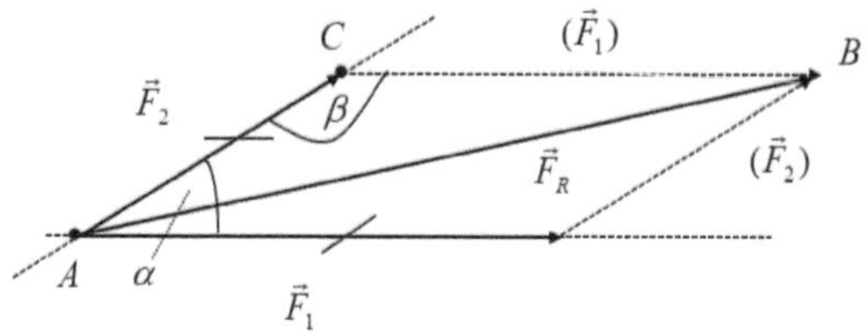

Abbildung 2.4: Rechnerische Bestimmung von Betrag und Richtung der resultierenden Kraft

Sind die Kräfte $\vec{F}_1$ und $\vec{F}_2$, die an einem Punkt angreifen, durch ihre Beträge F_1 und F_2 sowie durch den von ihnen eingeschlossenen Winkel (mit $0° < \alpha < 180°$) gegeben (vgl. Abbildung 2.4), so lassen sich Betrag und Richtung von $\vec{F}_R$ bestimmen.

Im Dreieck ABC sind F_1 und F_2 sowie der Winkel $\beta = 180° - \alpha$ bekannt. Dann kann der *Kosinussatz* angewendet werden (vgl. auch Abschnitt 1.7.1):

$$F_R^2 = F_1^2 + F_2^2 - 2F_1 \cdot F_2 \cdot \cos(\text{ß})$$

Mit $\cos(\beta) = \cos(180° - \alpha)$ und Wurzelziehen folgt dann

$$F_R = \sqrt{F_1^2 + F_2^2 - 2F_1 \cdot F_2 \cdot \cos(180° - \alpha)}.$$

In den mathematischen Formelsammlungen (z. B. [4]) bzw. mit Hilfe der Additionstheoreme für trigonometrische Funktionen findet man die Beziehung $\cos(180° - \alpha) = -\cos(\alpha)$, mit der die obige Formel noch kompakter dargestellt werden kann, nämlich durch

$$F_R = \sqrt{F_1^2 + F_2^2 + 2F_1 \cdot F_2 \cdot \cos(\alpha)} \quad (\textit{Betrag der resultierenden Kraft}).$$

Spezialfälle:

Für $\alpha = 90°$ (*rechter* Winkel) folgt auch $ß = 180° - \alpha = 90°$. Wegen $\cos(90°) = 0$ vereinfacht sich die Formel zur Berechnung des Betrags der resultierenden Kraft zu

$$F_R = \sqrt{F_1^2 + F_2^2}.$$

Im Falle *rechter* Winkel kann man allerdings auch auf die Herleitung über den Kosinussatz verzichten, denn dann kann der Betrag der resultierenden Kraft auch über den *Satz des Pythagoras* bestimmt werden (vgl. Abbildung 2.5). F_R entspricht dann der *Hypotenuse* im *rechtwinkligen* Dreieck *ABC*.

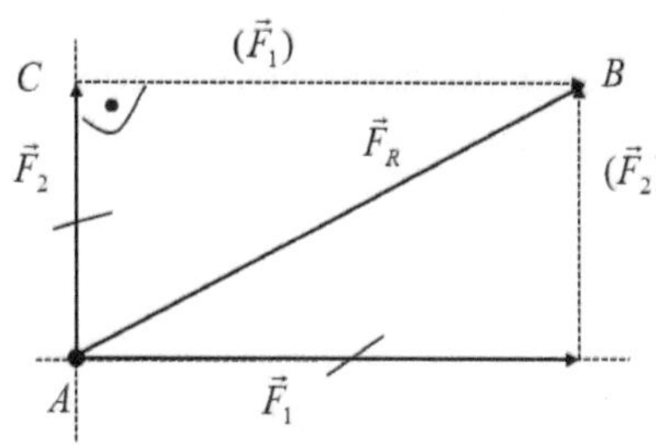

Abbildung 2.5: Bestimmung des Betrags der resultierenden Kraft bei rechten Winkeln.

In den Grenzfällen $\alpha = 0°$ und $\alpha = 180°$ kann man durch einfache Überlegungen Betrag und Richtung der resultierenden Kraft bestimmen (siehe *Übungsaufgabe 1* **c**)).

Bestimmung der Richtung von $\vec{F}_R$:

Die Richtung von $\vec{F}_R$ kann in Relation zur Richtung von $\vec{F}_1$ angegeben werden. In Abbildung 2.6 ist diese durch den Winkel γ bestimmt.

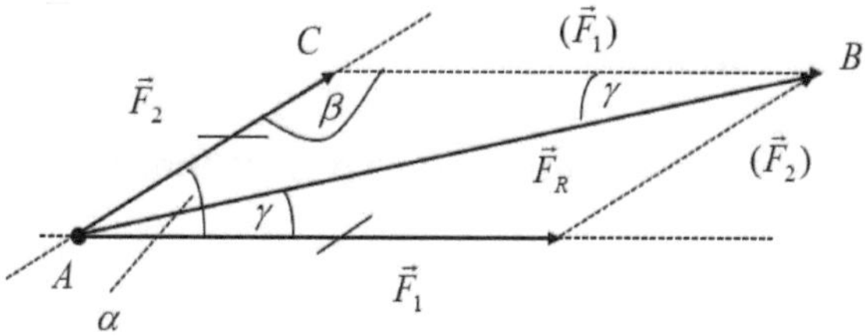

Abbildung 2.6: Bestimmung der Richtung von $\vec{F}_R$ (Winkel γ).

Im Dreieck *ABC* finden wir dann mit dem *Sinussatz*

$$\frac{F_2}{\sin\gamma} = \frac{F_R}{\sin\beta}$$

und damit

$$\boxed{\sin\gamma = \frac{F_2}{F_R} \cdot \sin\beta \quad \textit{(zur Bestimmung der Richtung von } \vec{F}_R\textit{).}}$$

Beispiel 5 (zum Addieren von Kräften):

Zwei Kräfte $\vec{F}_1$ und $\vec{F}_2$ greifen im selben Punkt A an (wie in Abbildung 2.6). Die Beträge der Kräfte sind $F_1 = 120\text{N}$ und $F_2 = 60\text{N}$. Wir bestimmen Betrag und Richtung der resultierenden Kraft für $\alpha = 60°$.

Es gilt

$$\begin{aligned} F_R &= \sqrt{F_1^2 + F_2^2 + 2F_1 \cdot F_2 \cdot \cos(\alpha)} \\ &= \sqrt{(120\,\text{N})^2 + (60\,\text{N})^2 + 2 \cdot 120\,\text{N} \cdot 60\,\text{N} \cdot \cos(60°)} \\ &= \sqrt{25200}\,\text{N} = 160\,\text{N} \end{aligned}$$

sowie

$$\begin{aligned} \sin\gamma &= \frac{F_2}{F_R} \cdot \sin\beta \\ &= \frac{60\,\text{N}}{\sqrt{25200}\,\text{N}} \cdot \sin(180° - 60°) = 0{,}237. \end{aligned}$$

Also

$$\gamma = \arcsin(0{,}237) = 19°.$$

2.3.3 Zerlegen von Kräften

Zerlegen von Kräften in Komponenten (zeichnerisch):

Wir haben nun gesehen, wie man zwei Kräfte, die im selben Punkt angreifen, *addiert* bzw. *überlagert*. Dieses Prinzip kann auch *umgekehrt* werden, d. h. eine Kraft kann in zwei so genannte *Kraftkomponenten* (kurz: *Komponenten*) *zerlegt* werden, die zusammengesetzt wieder die ursprüngliche Kraft ergeben.

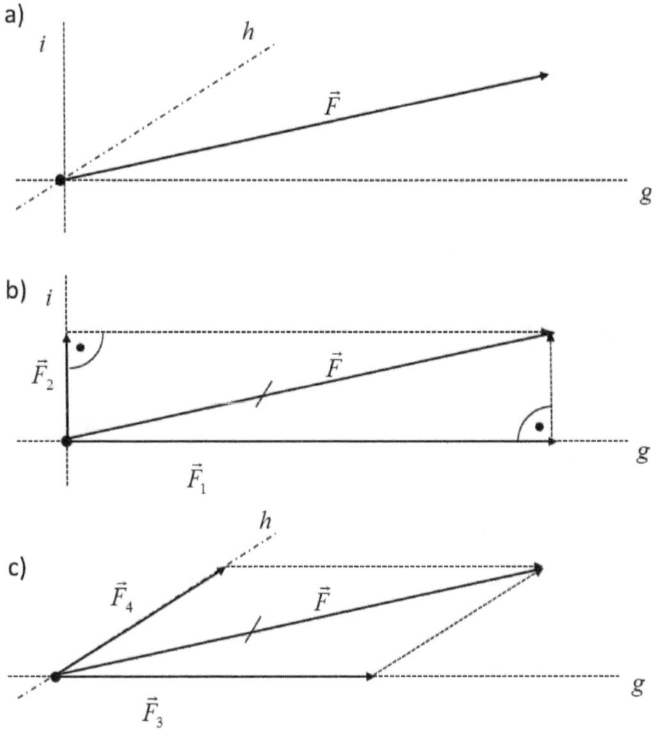

Abbildung 2.7: Kräftezerlegung

Soll eine gegebene Kraft $\vec{F}$ in zwei Kraftkomponenten zerlegt werden, so müssen zunächst die *beiden Richtungen festgelegt* werden, entlang derer die Zerlegung vorgenommen werden soll. Diese sind zunächst *willkürlich*, daher gibt es für eine gegebene Kraft prinzipiell *unendlich* viele mögliche Kräftezerlegungen. Bei *praktischen* Problemen ist es aber oft eindeutig klar, entlang welcher Richtungen zerlegt werden muss. Abbildung 2.7 zeigt ein Beispiel für mögliche Kräftezerlegungen einer gegebenen Kraft $\vec{F}$.

In Abbildung 2.7 a) ist die Kraft $\vec{F}$ dargestellt sowie drei willkürlich gewählte Richtungen, die durch die Geraden *g*, *h* und *i* repräsentiert werden, wobei *i* senkrecht auf *g* steht. In Abbildung 2.7 b) erfolgt dann die Kräftezerlegung in den Richtungen *g* und *i*, während in Abbildung 2.7 c) die Kräftezerlegung in den Richtungen *g* und *h* erfolgt. Die zugehörigen *Kraftkomponenten* sind in b) $\vec{F}_1$ und $\vec{F}_2$, in c) sind es $\vec{F}_3$ und $\vec{F}_4$. *Zeichnerisch* erhält man diese Komponenten jeweils durch die

Ergänzung zum Kräfteparallelogramm:

Am Beispiel von Abbildung 2.7 b) bedeutet dies, dass man eine Parallele zu g durch die Pfeilspitze von $\vec{F}$ zieht. Der Schnittpunkt mit der Geraden i definiert dann den Endpunkt (d. h. die Pfeilspitze) von $\vec{F}_2$. Entsprechend zieht man eine Parallele zu i durch die Pfeilspitze von $\vec{F}$ und erhält aus dem Schnittpunkt mit g die Pfeilspitze von $\vec{F}_1$.

Zerlegen von Kräften in Komponenten (rechnerisch):

Die *rechnerische* Bestimmung des Betrags und ggf. der Richtung der Kraftkomponenten erfolgt ähnlich wie bei der Kräfteaddition. Wir betrachten dazu Abbildung 2.8.

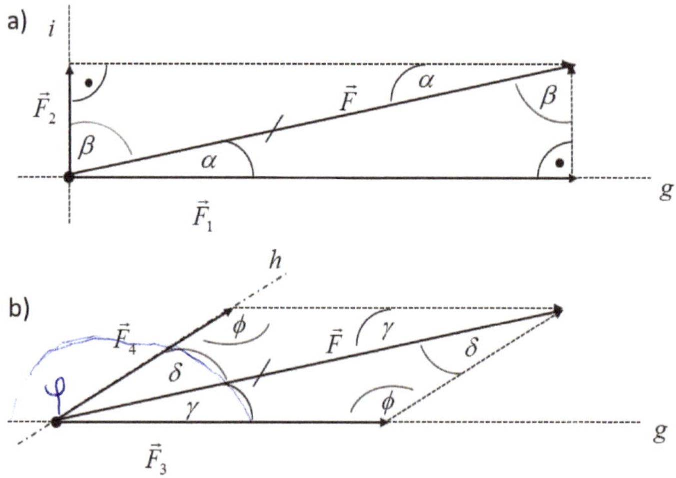

Abbildung 2.8: Rechnerische Bestimmung der Kraftkomponenten

Fall 1: Die Kraftkomponenten stehen senkrecht aufeinander:

In Abbildung 2.8 a) soll eine Kraft $\vec{F}$ in die Komponenten $\vec{F}_1$ und $\vec{F}_2$, die *senkrecht* aufeinander (und entlang der Geraden g und i liegen) zerlegt werden. Dabei schließt die Kraftkomponente $\vec{F}_1$ mit $\vec{F}$ den Winkel α ein, $\vec{F}_2$ schließt mit $\vec{F}$ den Winkel β ein, wobei $\beta = 90° - \alpha$.

Die *Beträge* F_1 und F_2 lassen sich in den auftretenden *rechtwinkligen* Dreiecken dann aus den einfachen *trigonometrischen* Beziehungen berechnen (vgl. Abbildung 2.8 a)). Es gilt

$$\sin\alpha = \frac{\text{Gegenkathete}}{\text{Hypotenuse}} = \frac{F_2}{F}$$
$$\cos\alpha = \frac{\text{Ankathete}}{\text{Hypotenuse}} = \frac{F_1}{F}.$$

Durch einfache Umformung folgt

$F_2 = F \cdot \sin\alpha$ sowie $F_1 = F \cdot \cos\alpha$

(*Betrag der Kraftkomponenten bei senkrechter Zerlegung*).

Man erkennt auch, dass der Winkel β nicht zwingend benötigt wird, man könnte allerdings auch statt der Beziehungen für α entsprechende Beziehungen für β aufstellen. Dann ergäbe sich

$$F_2 = F \cdot \cos\beta bzw. F_1 = F \cdot \sin\beta.$$

Bemerkung:

Es ist ratsam, derartige Formeln nicht auswendig zu lernen oder einfach einer Formelsammlung zu entnehmen, sondern sich stets selbst anhand einer Skizze die entsprechenden (in diesem Falle trigonometrischen) Beziehungen kurz zu überlegen. Sonst läuft man Gefahr, Sinus und Kosinus zu verwechseln oder die Winkel α und β.

Fall 2: Die Kraftkomponenten stehen nicht senkrecht aufeinander:

In Abbildung 2.8 b) soll eine Kraft $\vec{F}$ in die Komponenten $\vec{F}_3$ und $\vec{F}_4$ (*nicht zwingend senkrecht aufeinander*) entlang der Geraden g unf h zerlegt werden. Dabei schließt die Kraftkomponente $\vec{F}_3$ mit $\vec{F}$ den Winkel γ ein, $\vec{F}_4$ schließt mit $\vec{F}$ den Winkel δ ein. Ferner ist $\varphi = 180° - \gamma - \delta$.

Die *Beträge* F_3 und F_4 lassen sich dann mit dem *Sinussatz* berechnen (vgl. Abbildung 2.8 b)). Es gilt

$$\frac{F_3}{\sin\delta} = \frac{F}{\sin\varphi} \text{ sowie } \frac{F_4}{\sin\gamma} = \frac{F}{\sin\varphi}, \text{ also}$$

$$F_3 = F \cdot \frac{\sin\delta}{\sin\varphi} \text{ sowie } F_4 = F \cdot \frac{\sin\gamma}{\sin\varphi}$$

(Betrag der Kraftkomponenten bei beliebiger Zerlegung)

Bemerkung:

Sind $\vec{F}_3$ und $\vec{F}_4$ senkrecht aufeinander, so ist $\varphi = 90°$. Mit $\sin 90° = 1$ erhält man dann wieder das Ergebnis aus Fall 1.

Beispiel 6 (zum Zerlegen von Kräften in Komponenten):

Gegeben sei eine Kräftezerlegung wie in Abbildung 2.8 b). Dabei sei $\gamma = 30°$ und $\delta = 45°$. Wir bestimmen die Beträge F_3 und F_4, falls $F = 100\,\text{N}$.

Es gilt $\varphi = 180° - 30° - 45° = 105°$ und somit

$$F_3 = F \cdot \frac{\sin\delta}{\sin\varphi} = 100\,\text{N} \cdot \frac{\sin 45°}{\sin 105°} = 73\,\text{N}$$

sowie

$$F_4 = F \cdot \frac{\sin\gamma}{\sin\varphi} = 100\,\text{N} \cdot \frac{\sin 30°}{\sin 105°} = 52\,\text{N}.$$

2.3.4 Masse, Gewichtskraft, Ortsfaktor, Schwerpunkt

Jeder Körper besitzt eine *Masse m*.

- *Einheit* der Masse: $[m] = 1$ Kilogramm $= 1\,\text{kg}$
- Die Masse ist eine *physikalische Basisgröße*, d. h. sie ist auf keine grundlegenderen Größen zurückführbar.
- Der *Betrag* der auf einen Körper wirkenden *Gewichtskraft* $\vec{F}_g$ (auch *Erdanziehungskraft* bzw. allgemeiner *Gravitationskraft*), welche einen Körper auf der Erde nach „unten“ zieht, ist *proportional* zur Masse des Körpers, d. h.

  $$F_g \propto m.$$

  Das Zeichen $\propto$ bedeutet „ist proportional zu“. Der zugehörige *Proportionalitätsfaktor* heißt *Ortsfaktor g*. Es gilt also

$F_g = m \cdot g$ *(Gewichtskraft)*.

- In der Nähe der Erdoberfläche gilt in unseren Breiten $g = 9{,}81\,\frac{\text{N}}{\text{kg}}$ (bitte die *Einheit* beachten!), wobei es für viele Anwendungen hinreichend genau ist, mit $g = 10\,\frac{\text{N}}{\text{kg}}$ zu rechnen.
- Mit dem *Schwerpunkt* eines ausgedehnten (also nicht punktförmigen) Körpers ist sein Massenmittelpunkt gemeint, d. h. derjenige Punkt, in dem man sich alle Einzelmassen des Körpers vereinigt denken kann. Wie man diesen genau bestimmt oder berechnet, wollen wir der Hochschulmechanik überlassen [1].
  Wichtig an dieser Stelle ist: Für viele Anwendungen kann ein betrachteter *ausgedehnter* Körper der Masse *m* durch seinen *Schwerpunkt* mit Masse *m ersetzt* werden. Betrachtet man dann Krafteinwirkungen auf den Körper und / oder Bewegungen des Körpers, so spricht man von der *Mechanik des Massenpunkts.* Bewegt sich also ein solcher Körper, so betrachtet man lediglich die Bewegung des Schwerpunkts.

Beispiel 7:

Eine Person der Masse 65,5 kg erfährt auf der Erde bei einem Ortsfaktor $g_{Erde} = 9{,}81\,\frac{\text{N}}{\text{kg}}$ die Gewichtskraft

$$F_{g,Erde} = m \cdot g_{Erde} = 65{,}5\,\text{kg} \cdot 9{,}81\,\frac{\text{N}}{\text{kg}} = 643\,\text{N}.$$

Auf dem Mond ($g_{Mond} = 1{,}62\,\frac{\text{N}}{\text{kg}}$) beträgt die Gewichtskraft jedoch nur

$$F_{g,Mond} = m \cdot g_{Mond} = 65{,}5\,\text{kg} \cdot 1{,}62\,\frac{\text{N}}{\text{kg}} = 106\,\text{N}.$$

Hintergrundinformationen:

- Der Ortsfaktor ist, wie der Name bereits andeutet, eine Größe, welche vom Ort abhängt, an dem man sich befindet. Auf der Erde ist er wesentlich größer als auf dem Mond. Im Weltall ist er fernab von Planeten, Sternen oder sonstigen Objekten mit großer Masse nahezu null.

Zur Veranschaulichung stellt man sich vor, dass ein massereiches Objekt wie die Erde, ein Planet oder ein Fixstern eine große *Gravitationswirkung* (auf andere Massen anziehende Wirkung) erzeugt. Der Ortsfaktor hängt also von der Masse dieses Objekts ab, aber auch davon, in welchem Abstand von diesem Objekt man sich befindet. Bei Körpern, die sich „in der Nähe" der Erdoberfläche befinden (das können auch ein paar Kilometer Entfernung von der Erdoberfläche sein, z. B. bei einem fliegenden Flugzeug), spielt diese Abstandsabhängigkeit aber keine sehr bedeutende Rolle.

- Bisher wurde der Ortsfaktor als ausschließlich von der Gravitationswirkung abhängig beschrieben. Streng genommen ist das nicht ganz richtig. Auf der Erde hängt der Ortsfaktor nämlich neben der Gravitation auch von der so genannten *Zentrifugalkraft* ab, da sich die Erde um ihre eigene Achse dreht. Die Zentrifugalkraft („Fliehkraft") vermindert die Gravitationswirkung der Erde ein wenig. Vgl. dazu auch [1] und [2].
- Der Ortsfaktor ist eigentlich eine *vektorielle* Größe und wird mit $\vec{g}$ bezeichnet. Die Richtung zeigt lotrecht zum Erdboden. Bei vielen Aufgaben wird nur diese Richtung betrachtet (eindimensionale Problemstellung), so dass dann die skalare Beschreibung (keine Vektorpfeile) genügt.
- Die Masse eines Körpers hängt jedoch nicht nur mit der Gravitation zusammen, sondern ist auch ein Maß für die *Trägheit* des Körpers (vgl. Abschnitt 2.2.1, Trägheitsprinzip und Aktionsprinzip): Die Kraft, welche nötig ist, um einen Körper zu beschleunigen, ist proportional zu seiner Masse. D. h., um einen massereichen Körper zu beschleunigen, ist eine hohe Kraft erforderlich. Wir kommen darauf in Abschnitt 2.6 nochmals genauer zu sprechen. Dort werden wir auch erkennen, warum der Ortsfaktor oft als *Fallbeschleunigung* bezeichnet wird.

Messung der Gewichtskraft, Hookesches Gesetz:

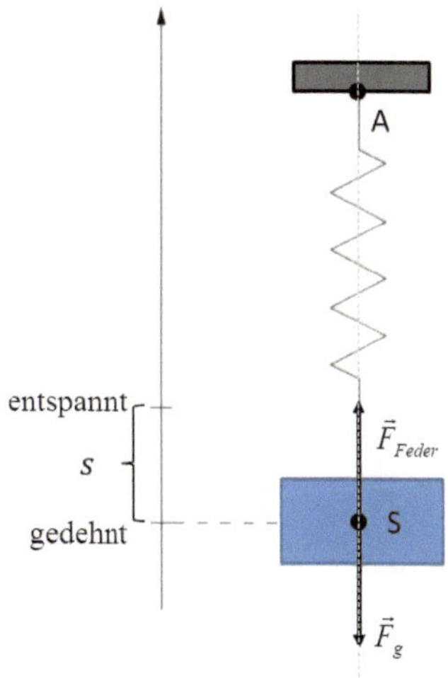

Abbildung 2.9: Messung der Gewichtskraft über eine Federwaage.

Die Gewichtskraft kann mit einer *Federwaage* bestimmt werden (vgl. Abbildung 2.9). Diese besteht aus einer so genannten *Schraubenfeder*, an die eine Masse angehängt werden kann. Dann kann auf einer Skala die Kraft abgelesen werden, mit welcher die Masse die Feder dehnt. Dabei hängt man die Masse an die entspannte Feder (diese ist im Punkt A aufgehängt) und lässt diese sich langsam so weit dehnen, bis sie ihre „Endposition" erreicht hat. Lässt man sie zu schnell los, so wird die Masse an der Feder hin- und herschwingen, und man kann warten, bis diese Schwingung ausgedämpft ist (man kann natürlich auch die Masse auf einen Tisch legen, die Federwaage einhängen, und diese dann vorsichtig anheben, bis die Feder gespannt ist und so die Endposition erreicht ist). Mit Schwingungen wollen wir uns in Abschnitt 2.10 beschäftigen.

Bei der Bestimmung der Gewichtskraft mittels der Federwaage nutzt man aus, dass bei einer Feder die *Auslenkung aus der ungedehnten (d. h. entspannten) Lage proportional zur angreifenden Kraft* ist (*Hookesches Gesetz*), sofern diese Kraft nicht allzu groß wird. Die Feder selbst wird als masselos angenommen, was in vielen Fällen eine gute Näherung darstellt.

Ist s der Betrag dieser Auslenkung, so gilt für den Betrag der Federkraft

$$F_{Feder} = k \cdot s \quad (\textit{Hookesches Gesetz}).$$

- Dabei ist k die *Federkonstante*, welche die „Härte" der Feder angibt. Ist k groß, so ist die Feder vergleichsweise hart, und es ist eine große Kraft notwendig, um die Feder zu dehnen.
- In Abbildung 2.9 entspricht dann der Betrag F_{Feder} der Kraft, die die Feder dehnt, gerade dem Betrag der Gewichtskraft F_g, d. h. $F_{Feder} = F_g$.
- Einheit der Federkonstante: $[k] = 1\,\frac{\text{N}}{\text{m}}$
- Die Federwaage misst also direkt die Gewichtskraft. Auf dem Mond wird ein an die Feder angehängter Körper aufgrund der geringeren Gravitationswirkung des Mondes eine Feder weniger stark auslenken als auf der Erde (vgl. *Beispiel 7*). Die Masse dagegen kann beispielsweise mit einer *Balkenwaage* bestimmt werden. Das ist eine Waage, die aus einem waagerechten, beweglich gelagerten Balken besteht, der an beiden Enden eine Waagschale besitzt.
  Die *Masse* eines Körpers ist *unabhängig vom Ort*, an dem sie gemessen wird. Auf dem Mond ist sie gleich wie auf der Erde.

Kräftegleichgewicht, Wirklinie:

Wir betrachten Abbildung 2.9 nochmals etwas genauer. Hierin wurde die Gewichtskraft $\vec{F}_g$ sowie die Federkraft $\vec{F}_{Feder}$ vektoriell eingetragen (im obigen Text haben wir zunächst nur deren Beträge betrachtet). Die Gewichtskraft zeigt nach unten, während die Federkraft nach oben zeigt, denn die Feder bringt der Gewichtskraft einen Widerstand entgegen und hält sie so im Gleichgewicht.

Das bedeutet, dass ein *Kräftegleichgewicht* herrscht, die *resultierende Kraft ist Null*, die beiden entgegengesetzt gleich langen Vektorpfeile heben sich gerade auf. Es gilt also vektoriell

$$\vec{F}_g + \vec{F}_{Feder} = \vec{0} \quad \text{bzw.} \quad \vec{F}_g = -\vec{F}_{Feder}.$$

- Beide Kräfte sind also *entgegensetzt* orientiert, die *Beträge* sind aber *gleich* groß, wie wir bereits oben festgestellt haben ($F_{Feder} = F_g$).

- In Abbildung 2.9 ist außerdem die so genannte *Wirklinie* der Gewichtskraft sowie der Federkraft gestrichelt eingezeichnet. Dabei handelt es sich um die Gerade, entlang derer beide wirken (in diesem Fall dieselbe Gerade).
- Entlang dieser *Wirklinie* können die Kräfte auch *verschoben* werden. Die Vektorpfeile wurden im Schwerpunkt S der Masse angesetzt (fett dargestellter schwarzer Punkt innerhalb des Massenklotzes).
- Ebenso kann man aber auch sagen, dass die Gewichtskraft über die Feder im *Aufhängepunkt A* angreift. Man kann dann $\vec{F}_g$ entlang der Wirklinie nach oben bis in A verschieben. Entsprechend wirkt dann in diesem Punkt auch die Federkraft, die ebenso nach oben verschoben werden kann.
- Im Fall des Kräftegleichgewichts könnte man die Feder also auch durch einen Faden, an dem die Masse aufgehängt ist, ersetzen. Dann entspricht die Fadenkraft betragsmäßig der Gewichtskraft.

Wir merken uns:

Kräfte können entlang ihrer Wirklinie verschoben werden.

Vertiefung: Rückstellkraft

Dehnt oder staucht man eine zunächst entspannte Feder, so zeigt die Federkraft stets in Richtung der entspannten Lage der Feder, in Abbildung 2.9 also nach *oben*, während die Auslenkung nach unten *zeigt*. Man spricht daher bei der Federkraft von einer *Rückstellkraft*, weil sie stets *entgegengesetzt zur Auslenkungsrichtung* zeigt.

Beispiel 8:

An eine Federwaage wird wie in Abbildung 2.9 ein Klotz der Masse 100 g angehängt. Die Federkonstante beträgt $k = 90\,\frac{\mathrm{N}}{\mathrm{m}}$. Wir bestimmen den Betrag der Gewichtskraft, der Federkraft sowie der Auslenkung (= Dehnung) s der Feder (Ortsfaktor $g = 10\,\frac{\mathrm{N}}{\mathrm{kg}}$).

Es gilt $F_g = m \cdot g = 0{,}100\,\mathrm{kg} \cdot 10\,\frac{\mathrm{N}}{\mathrm{kg}} = 1{,}0\,\mathrm{N}.$

Außerdem liegt ein Kräftegleichgewicht vor, d. h. $F_{Feder} = F_g = 1{,}0\,\mathrm{N}$. Da aber der Betrag der Federkraft auch durch

$$F_{Feder} = k \cdot s$$

bestimmt ist, kann man daraus die Auslenkung bestimmen. Es folgt

$$s = \frac{F_{Feder}}{k} = \frac{m \cdot g}{k} = \frac{1{,}0\,\mathrm{N}}{90\,\frac{\mathrm{N}}{\mathrm{m}}} = 0{,}011\,\mathrm{m} = 1{,}1\,\mathrm{cm}.$$

2.3.5 Anwendung: Seilmaschinen

- Mit Hilfe *fester Umlenkrollen* (kurz *Rollen*) können *Seilkräfte* umgelenkt werden, vgl. Abbildung 2.10 (Rolle im Punkt B befestigt).
- Mit einer *losen Rolle* kann die Gewichtskraft, die von einer angehängten Masse verursacht wird, *gleichmäßig auf zwei Seilabschnitte aufgeteilt* werden (vgl. Abbildung 2.10, *Prinzip des Flaschenzugs*).

- So kann mit einer Vorrichtung wie in Abbildung 2.10 die Kraft, mit der man an einem Seil ziehen muss, um eine befestigte Last anzuheben, vermindert werden.
- Wir vernachlässigen im Folgenden die Reibung (vgl. dazu Abschnitt 2.5) und die Gewichtskraft der Rollen.

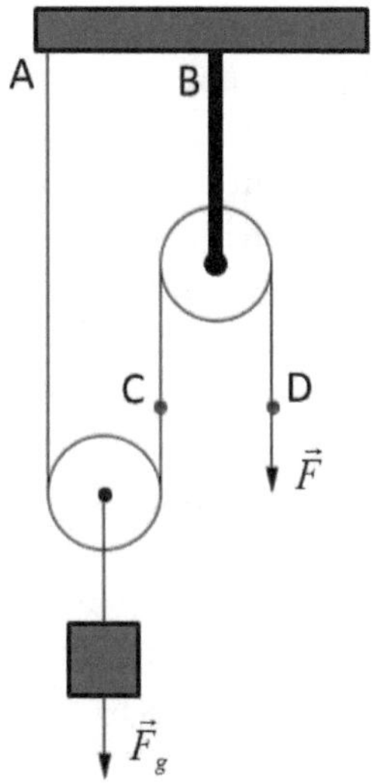

Abbildung 2.10: Seilmaschine mit fester und loser Rolle.

Beispiel 9 (Seilmaschine):

Wir betrachten Abbildung 2.10 nun genauer. An der losen Rolle ist ein Körper der Masse m mit der Gewichtskraft $F_g = m \cdot g$ befestigt. Gesucht ist der Betrag der Kraft $\vec{F}$, mit welcher man im Punkt D das Seil halten muss, damit die Vorrichtung im Gleichgewicht bleibt.

Die in B *befestigte* Rolle lenkt die Kraft $\vec{F}$ um, daher sind die Beträge der Seilkräfte in D und in C gleich groß, nämlich F, d. h. $F_D = F_C$.

Die *lose* Rolle verteilt den Betrag der Gewichtskraft F_g auf zwei Seile, so dass gelten muss: $F_C = \frac{F_g}{2}$.

Das bedeutet also: Am Punkt D muss das Seil mit einer Kraft $F_D = \frac{F_g}{2}$ gehalten werden. Ferner wirkt am Punkt C sowie am Aufhängepunkt A ebenfalls jeweils die Kraft $F_A = F_C = \frac{F_g}{2}$. Am Punkt B wirkt dagegen die volle Gewichtskraft F_g, denn $F_B = F_C + F_D$.

2.3.6 Ausblick: Statik, Dynamik, Drehmoment, Freischneiden

- Im Abschnitt 2.3 haben wir uns zunächst mit grundlegenden Eigenschaften der Kräfte und nachfolgend mit *ruhenden* Körpern im

Kräftegleichgewicht beschäftigt. Das Gebiet der Mechanik, welches ruhende Körper im Gleichgewicht beschreibt, wird als *Statik* bezeichnet. Es bildet in den meisten Ingenieurstudiengängen sowie auch in den naturwissenschaftlichen Studiengängen den Einstieg in die Mechanik, und damit in die Physik. In vielen Ingenieurstudiengängen gibt es daher im ersten Semester die Vorlesung Technische Mechanik 1 (Statik).

- Liegt bei einer Aufgabe *kein Kräftegleichgewicht* (*und/oder kein Drehmomentengleichgewicht*) vor, so handelt es sich um ein Problem aus dem Bereich der *Dynamik* (siehe Abschnitt 2.6 sowie untenstehendes *Beispiel 10*).
- Bei bestimmten statischen Problemen können die betrachteten Körper nicht mehr als punktförmig betrachtet werden. Dann genügt es in der Statik nicht mehr, dass lediglich Kräftegleichgewicht herrscht, sondern es muss zugleich ein Gleichgewicht der so genannten *Drehmomente* herrschen. Wir gehen auf den Begriff des Drehmoments hier nicht weiter ein, auch wenn er dem einen oder der anderen von den Hebelgesetzen her bekannt sein mag. Wir wollen dieses Buch jedoch an dieser Stelle nicht überfrachten. Auf Drehmomente wird in der Hochschulmechanik ausführlich eingegangen (vgl. z. B. [1] und [2]), Vorwissen darüber wird normalerweise nicht vorausgesetzt. Wer Kenntnisse und Fertigkeiten über Kräfte, wie sie in Abschnitt 2.3 vermittelt wurden, mitbringt, wird in der Hochschulmechanik in der Regel einen guten Anschluss finden.
- In der Hochschulmechanik steht meist relativ zu Beginn auch der Begriff des *Freischneidens* oder *Freimachens*. Hierbei werden alle Kräfte (und Drehmomente), die an einem Körper angreifen, in die Skizze eingetragen und der Körper *frei* von seiner Umgebung und den *Zwangsbedingungen* (siehe untenstehendes *Beispiel 10*) skizziert. Wir veranschaulichen dies kurz anhand von folgendem Beispiel.

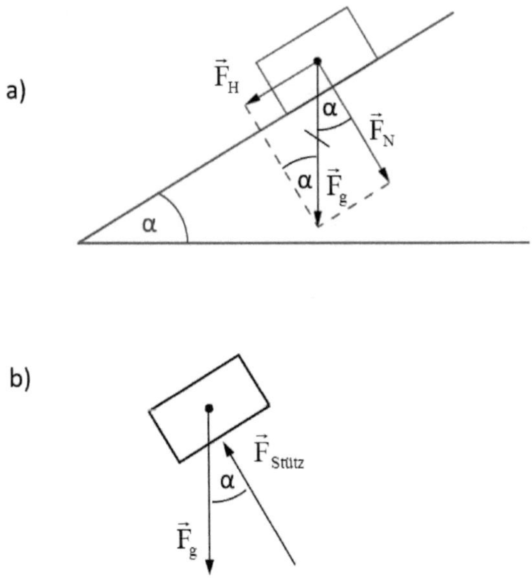

Abbildung 2.11: Freischneiden.

Beispiel 10 (Freischneiden):

Abbildung 2.11 veranschaulicht das Prinzip des *Freischneidens.* In a) ist ein Klotz dargestellt, der auf einer schiefen Ebene liegt. Auf den Klotz wirkt zunächst nur die Gewichtskraft $\vec{F}_g$. Diese wird nun in zwei Kraftkomponenten zerlegt, eine *senkrecht* (man sagt auch *in Normalenrichtung* oder kurz: *normal*) zur schiefen Ebene (*Normalkraft* $\vec{F}_N$) und eine *parallel* zur schiefen Ebene (*Hangabtriebskraft* $\vec{F}_H$). Diese Kräftezerlegung ist zweckmäßig, denn durch diese Zerlegung erhält man die relevante Kraftkomponente $\vec{F}_H$, welche den Körper die Ebene hinab beschleunigen wird, sofern keine Reibung vorhanden ist. Der Körper kann sich nur entlang der schiefen Ebene bewegen, dies bezeichnet man als *Zwangsbedingung.*

An dieser Kräftezerlegung sieht man auch, dass der Körper mit der Normalkraft auf die Ebene drückt. Allerdings muss die Ebene mit der gleichen Kraft $\vec{F}_{Stütz}$ auf den Körper zurückwirken, sonst bricht er durch die Ebene durch. Die Stützkraft ist jedoch in a) nicht eingezeichnet, da die Abstützung durch die schiefe Ebene symbolisiert wird. Schneidet man nun frei, so lässt man die schiefe Ebene einfach weg (Abbildung 2.11 b)). Um dann zu kennzeichnen, dass sich der Körper nicht in Normalenrichtung bewegen kann, zeichnet man die Stützkraft $\vec{F}_{Stütz}$ ein. Diese kann auch entlang ihrer Wirklinie verschoben und somit im Schwerpunkt angreifend eingezeichnet werden. Eine detailliertere Abhandlung des Freischneidens soll nun aber den Einführungsvorlesungen zur Physik bzw. zur technischen Mechanik an der Hochschule überlassen werden.

Dieses Beispiel ist übrigens *kein statisches*, sondern ein *dynamisches* Problem, vgl. Abschnitt 2.6 (bei einem statischen Beispiel würde nach dem Freischneiden als resultierende Kraft insgesamt $\vec{0}$ übrigbleiben). Das Freischneiden beschränkt sich also nicht auf statische Aufgaben.

2.3.7 Musteraufgabe

Musteraufgabe 1:

Eine Lampe der Masse $m = 5{,}0\,\text{kg}$ hängt an einem Stab *CA*, welcher senkrecht zur Wand (*BC*) befestigt ist durch einen weiteren Stab *AB* abgestützt wird (vgl. Abbildung 2.12). Wir rechnen mit dem Ortsfaktor $g = 10\,\frac{\text{N}}{\text{kg}}$ und $\alpha = 30°$.

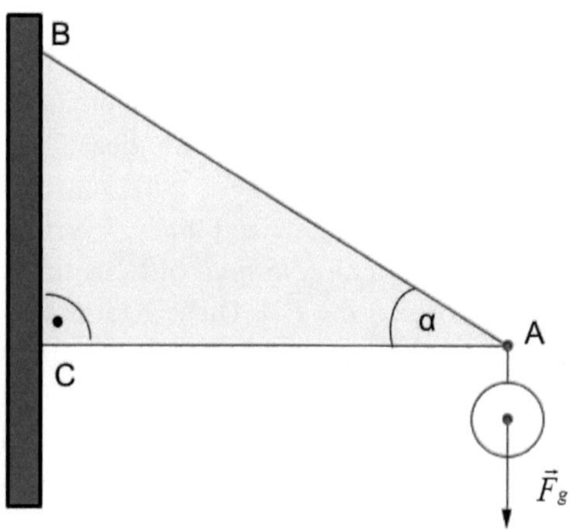

Abbildung 2.12: Zur Musteraufgabe.

a) Welche Kräfte wirken im Punkt *A* auf die Stäbe (fertigen Sie eine Skizze an und berechnen Sie die Beträge der gesuchten Kräfte)?

b) Wie groß sind die Beträge der Kraftkomponenten $\vec{F}_N$ (senkrecht zur Wand) und $\vec{F}_P$ (parallel zur Wand) im Punkt B?

Lösung:

Wir zeichnen zunächst alle in a) und b) gesuchten Kräfte ein und bezeichnen diese geeignet (vgl. Abbildung 2.13). Außerdem zeichnen wir Wirklinien und Winkel ein, wo notwendig oder hilfreich.

a) Als erstes kann die Gewichtskraft $\vec{F}_g$ entlang ihrer Wirklinie vom Schwerpunkt der Lampe in den Punkt A geschoben werden. Dann können wir sie in die Kraftkomponenten $\vec{F}_{AB}$ und $\vec{F}_{CA}$ zerlegen, wobei $\vec{F}_{CA}$ senkrecht auf $\vec{F}_g$ steht.

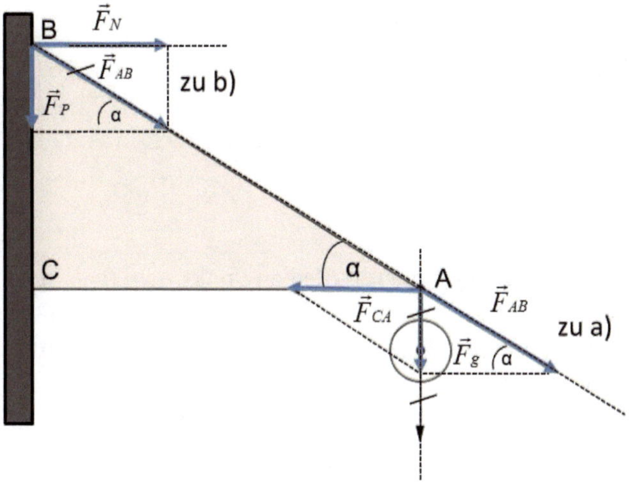

Abbildung 2.13: Zur Musteraufgabe (mit relevanten Kräften eingezeichnet).

Dann gilt $\sin\alpha = \frac{F_g}{F_{AB}}$, d. h.

$$F_{AB} = \frac{F_g}{\sin\alpha} = \frac{m \cdot g}{\sin\alpha} = \frac{50\,\text{N}}{\sin 30°} = 100\,\text{N}.$$

Außerdem ist $\tan\alpha = \frac{F_g}{F_{CA}}$, d. h.

$$F_{CA} = \frac{F_g}{\tan\alpha} = \frac{m \cdot g}{\tan\alpha} = \frac{50\,\text{N}}{\tan 30°} = 87\,\text{N}.$$

Bemerkung:
$\vec{F}_{CA}$ *ist eine so genannte Druckkraft, da sie in Richtung C, also in Richtung Wand drückt,* $\vec{F}_{AB}$ *ist hingegen eine Zugkraft (vgl. Abbildung 2.13).*

b) Zuerst verschieben wir die Kraft $\vec{F}_{AB}$ *entlang ihrer Wirklinie vom Punkt A in den Punkt B und zerlegen Sie dann in die gesuchten Kraftkomponenten* $\vec{F}_N$ und $\vec{F}_p$ (Abbildung 2.13). Es folgt dann unmittelbar

$$F_N = F_{AB} \cdot \cos\alpha = 100\,\mathrm{N} \cdot \cos 30^\circ = 87\,\mathrm{N}$$

sowie

$$F_P = F_{AB} \cdot \sin\alpha = 100\,\mathrm{N} \cdot \sin 30^\circ = 50\,\mathrm{N}.$$

Bemerkung:
Man beachte, dass $F_N = F_{CA}$ sowie $F_p = F_g$.

2.3.8 Übungsaufgaben

Lösungen zu den Übungsaufgaben befinden sich in Anhang 1.

Übungsaufgabe 1:

! Zwei Kräfte $\vec{F}_1$ und $\vec{F}_2$ greifen im selben Punkt A an (wie in Abbildung 2.6). Die Beträge der Kräfte sind $F_1 = 120\,\mathrm{N}$ und $F_2 = 60\,\mathrm{N}$. Bestimmen Sie Betrag und Richtung der resultierenden Kraft für a) $\alpha = 90^\circ$, b) $\alpha = 120^\circ$ und c) $\alpha = 180^\circ$

Übungsaufgabe 2:

!! Auf einem Seil, das zwischen zwei Masten (Abstand: 9,5 m) hängt, sitzt im Punkt A genau in der Mitte zwischen den Masten eine Ringeltaube der Masse 490 g, die das Seil mit ihrer Gewichtskraft $\vec{F}$ nach unten zieht. Das Seil wird dabei um 10 cm abgesenkt. Es gelte $g = 10\,\frac{\mathrm{N}}{\mathrm{kg}}$.

Welche Zugkräfte wirken im Punkt A (fertigen Sie eine Skizze an und berechnen Sie die zugehörigen Beträge)?

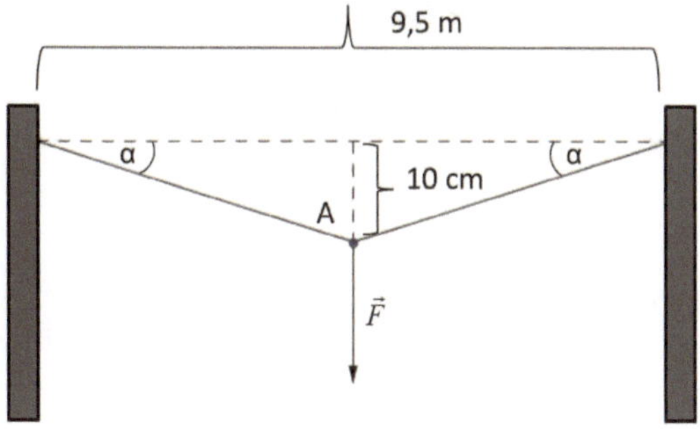

Abbildung 2.14: Zur Übungsaufgabe 2 (Skizze nicht maßstabsgetreu).

Übungsaufgabe 3: !!

Ein Klotz liegt auf einer schiefen Ebene mit Neigungswinkel $\alpha = 30{,}0°$, vgl. Abbildung 2.15. Er drückt mit der Normalkraft mit Betrag $F_N = 200$ N auf den Boden der schiefen Ebene. Mit welcher Kraft muss der Klotz festgehalten werden (und in welche Richtung zeigt diese), damit er nicht die Ebene hinunterrutscht? Dabei soll die Reibung zwischen Klotz und Ebene vernachlässigt werden.

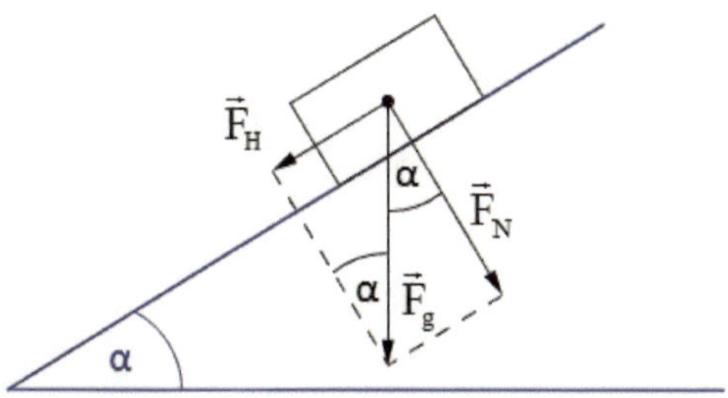

Abbildung 2.15: Zur Übungsaufgabe 3 *(Kräftezerlegung an der schiefen Ebene)*

Übungsaufgabe 4: !

Mit dem in Abbildung 2.16 dargestellten Flaschenzug soll ein Körper der Masse 100 kg angehoben werden, $g = 10\ \frac{\text{N}}{\text{kg}}$. Wie groß ist der Betrag der Kraft $\vec{F}$, die dazu am Zugseil aufgebracht werden muss? Die Massen der Rollen und Reibung können vernachlässigt werden.

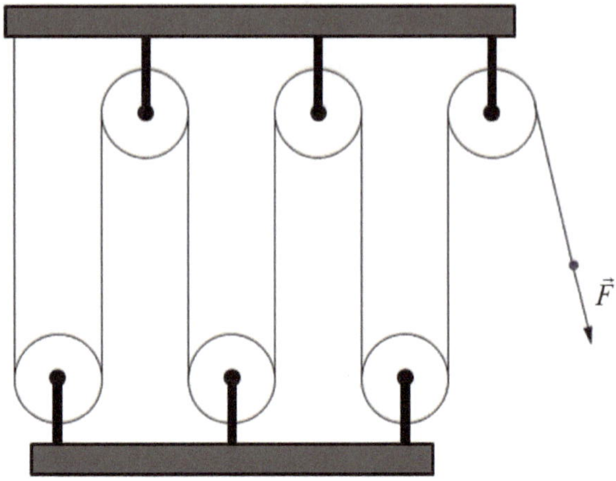

Abbildung 2.16: Zur Übungsaufgabe 4 (Flaschenzug)

2.4 Kinematik (Bewegungslehre)

2.4.1 Was ist Kinematik?

Unter dem Begriff *Kinematik* versteht man die Lehre der *Bewegungen* (von Körpern bzw. Punkten).

Wir beschäftigen uns in diesem Vorkurs nur mit der Kinematik *punktförmiger* Körper (*Punktkinematik*). Wollen wir beispielsweise die Bewegung eines Fahrzeugs beschreiben, so ersetzen wir das Fahrzeug durch seinen Schwerpunkt und betrachten die Bewegung dieses Punkts. Die räumliche Ausdehnung des Fahrzeugs und auch seine Masse spielen in dieser Betrachtung keine direkte Rolle.

Wir unterscheiden *drei* wichtige kinematische Größen:

- Mit $\vec{s}(t)$ bezeichnen wir den *Ort eines betrachteten Punkts P* zu einem bestimmten Zeitpunkt t, man spricht auch vom *momentanen* Ort. Genauer gesagt ist der Ort, wie durch das Vektorsymbol bereits gekennzeichnet, eine vektorielle Größe. Es handelt sich um den zeitabhängigen *Ortsvektor* eines Punkts P im dreidimensionalen Raum. Dazu muss ein Koordinatensystem definiert werden. $\vec{s}(t)$ ist dann in Bezug auf den Koordinatenursprung bestimmt (vgl. dazu auch Abschnitt 1.7.1).

- Mit $\vec{v}(t)$ bezeichnen wir die *Geschwindigkeit eines betrachteten Punkts P zu einem bestimmten Zeitpunkt t*, man spricht auch von der *Momentangeschwindigkeit*.
- Mit $\vec{a}(t)$ bezeichnen wir die *Beschleunigung eines betrachteten Punkts P zu einem bestimmten Zeitpunkt t*, man spricht auch von der *Momentanbeschleunigung*.

Die genauen Definitionen von Geschwindigkeit und Beschleunigung werden wir in Abschnitt 2.4.2 kennen lernen, wo wir uns allerdings auf die Betrachtung in einer Raumdimension beschränken werden.

Das *Ziel einer kinematischen Aufgabe* ist, *Ort*, *Geschwindigkeit* oder *Beschleunigung* eines betrachteten Punkts *zu einem beliebigen Zeitpunkt zu bestimmen*. Dazu müssen jedoch bestimmte Größen bekannt sein. Zum Beispiel ist häufig die Beschleunigung in Abhängigkeit der Zeit bekannt, und daraus können dann die Geschwindigkeit und der Ort des Punkts zu jedem Zeitpunkt bestimmt werden (es bedarf allerdings noch der Kenntnis der Anfangsbedingungen, siehe Abschnitt 2.4.3).

Die *Ursachen* einer Bewegung, das sind in der Regel die *wirkenden Kräfte*, werden in der Kinematik dagegen *nicht* betrachtet. Vielmehr wird von einer *gegebenen* Beschleunigung ausgegangen, ohne diese weiter auf Kräfte zurückzuführen. In der so genannten *Kinetik* wird dann der Zusammenhang zwischen den auf den Körper wirkenden Kräften und der daraus resultierenden Beschleunigung mit einbezogen (Abschnitt 2.6).

2.4.2 Kinematik in einer Raumdimension

Wir beginnen mit der Betrachtung von Punkten, die sich in nur einer Raumdimension bewegen, d. h. entlang einer Geraden.

Ort

- Um die *Bewegung* eines Punkts *P* in *einer Raumdimension* zu beschreiben, legen wir zunächst einen *Bezugspunkt O* fest, der zu allen betrachteten Zeitpunkten fest sein soll, sich also nicht bewegt. Die eindimensionale Bewegung erfolgt auf einer *Geraden*, die durch diesen Bezugspunkt verläuft (vgl. Abbildung 2.17). Als Bezugspunkt kann man z. B. denjenigen Punkt wählen, an dem sich P zu Beginn der Betrachtung befindet.

- Der *Ort* von P ist dann durch die *Koordinate* s bestimmt (diese kann auch negativ sein, falls P „links“ von O liegt), wir benötigen hier keine vektorielle Beschreibung wie in 2.4.1 (dort allgemeine Betrachtung in drei Raumdimensionen). Der Abstand von P zum Bezugspunkt O ist durch $|s|$ gegeben.
- Bewegt sich P, so verändert sich s mit der Zeit. Die *Ortskoordinate* (kurz: den *Ort*) zu einem Zeitpunkt t bezeichnet man dann mit $s(t)$.

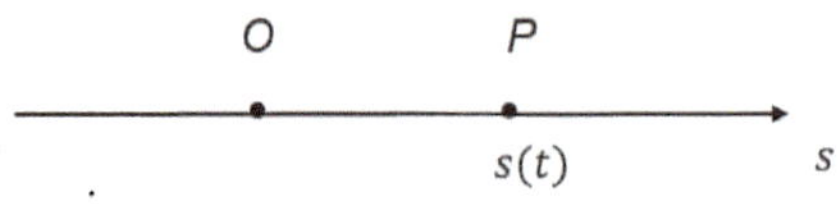

Abbildung 2.17: Zur Kinematik in einer Raumdimension.

- Einheit des Ortes (und damit auch von Strecken = „Ortsdifferenzen“): $[s]$ = 1 Meter = 1 m
  Der *Betrag einer Strecke* wird als *Länge* bezeichnet, diese hat natürlich auch die Einheit 1 m. Die Länge ist eine *physikalische Basisgröße.*

Geschwindigkeit

- Anschaulich und umgangssprachlich formuliert, gibt die *Geschwindigkeit* eines Punkts (bzw. Körpers) an, *wie schnell* er sich zu einem bestimmten Zeitpunkt fortbewegt. Um dies mathematisch genauer zu definieren, stellen wir folgende Betrachtungen an.
- In Abbildung 2.18 sehen wir zwei so genannte s-t-Diagramme a) und b) eines sich bewegenden Punktes. Der Graph in a) (gestrichelte Linie) hat eine *konstante positive Steigung*, d. h. die Koordinate s nimmt mit zunehmender Zeit t *gleichmäßig* zu. Wir halten zunächst fest:

> Die *Steigung* im s-t-Diagramm ist ein Maß für die *Geschwindigkeit*, also wie schnell sich die *Ortskoordinate* mit der Zeit *ändert.*

Im Graph b) (durchgezogene Linie) nimmt s zunächst leicht ab und nimmt dann mit zunehmender Zeit immer stärker zu, was sich in der wachsenden *Steigung* des Graphen zeigt.

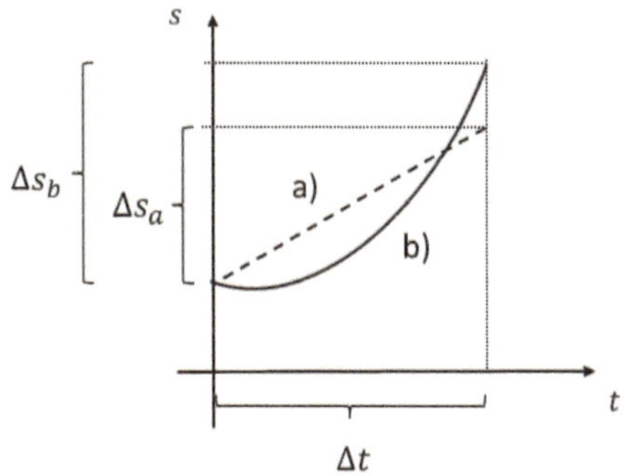

Abbildung 2.18: s-t-Diagramm zur Definition der Geschwindigkeit.

In diesem Fall ist die Geschwindigkeit während des betrachteten Zeitraums *nicht* konstant, sondern *abhängig von der Zeit.* Es ist also sinnvoll, für jeden Zeitpunkt t eine so genannte *Momentangeschwindigkeit* zu definieren.

- Wir kommen gleich auf die Momentangeschwindigkeit zurück, wollen aber zunächst nochmals kurz Abbildung 2.18 betrachten: In a) wurde in im Zeitintervall Δt die *Strecke* (*Ortsdifferenz = Endort minus Anfangsort*) Δs_a zurückgelegt, in b) jedoch im gleichen Zeitintervall Δt die größere *Strecke* Δs_b. In b) war also die *durchschnittliche Geschwindigkeit* größer als in a). Wir definieren daher die *Durchschnittsgeschwindigkeit* im Zeitintervall Δt durch

$$\bar{v} = \frac{\Delta s}{\Delta t} \quad \textit{(Durchschnittsgeschwindigkeit im Zeitintervall } \Delta \text{t}).$$

- Um die *Momentangeschwindigkeit* zu definieren, betrachten wir Abbildung 2.19.

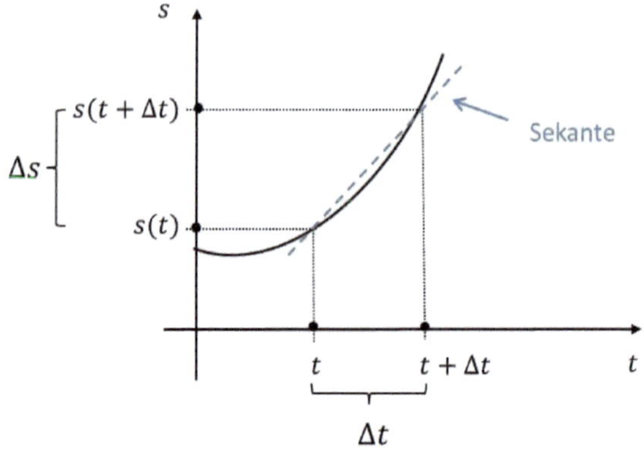

Abbildung 2.19: s-t-Diagramm zur mathematischen Definition der Geschwindigkeit.

Um die *Momentangeschwindigkeit* zum Zeitpunkt t zu bestimmen, betrachten wir den Ort des sich bewegenden Punktes zum Zeitpunkt t, d. h. $s(t)$, sowie zu einem etwas *späteren* Zeitpunkt $t + \Delta t$, d. h. $s(t + \Delta t)$.

Die *Durchschnittgeschwindigkeit* im Intervall zwischen diesen beiden Zeitpunkten (Δt) ist $\bar{v} = \frac{\Delta s}{\Delta t}$. Diese *stimmt* mit der *Momentangeschwindigkeit* zum Zeitpunkt t immer *besser überein, je kleiner das Zeitintervall* Δt wird.

Wir müssen also den *Grenzwert* (mathematisch: *limes*, kurz *lim*) von $\frac{\Delta s}{\Delta t}$ für $\Delta t \to 0$ betrachten. Dies entspricht *mathematisch* gerade der Definition der *ersten Ableitung* der Funktion s nach der Zeit zum Zeitpunkt t (vgl. dazu z. B. [3]).

Wir definieren daher

$$v(t) = \lim_{\Delta t \to 0} \frac{s(t + \Delta t) - s(t)}{\Delta t} = \lim_{\Delta t \to 0} \frac{\Delta s}{\Delta t} = \dot{s}(t)$$

(*Momentangeschwindigkeit zum Zeitpunkt t*)

$\dot{s}(t)$ bedeutet dabei die *zeitliche Ableitung* von $s(t)$. In Physik und Technik ist diese Schreibweise sehr gebräuchlich, während in der Mathematik Ableitungen mit einem Strich („Hochkomma“) gekennzeichnet werden.

In Worten formulieren wir:

Die Momentangeschwindigkeit ist die zeitliche Ableitung der Ortsfunktion.

- Es sei noch bemerkt, dass die *Durchschnittgeschwindigkeit mathematisch* der *Sekantensteigung* im s-t-Diagramm entspricht (vgl. Abbildung 2.19), die *Momentangeschwindigkeit* entspricht *mathematisch* der *Tangentensteigung* zum betrachteten Zeitpunkt.
- *Einheit* der Geschwindigkeit: $[v] = 1\,\frac{\text{m}}{\text{s}}$.
  Einheit der Zeit: $[t] = 1\,\text{Sekunde} = 1\,\text{s}$.
  In der Praxis taucht auch häufig die Einheit $1\frac{\text{km}}{\text{h}}$ (Kilometer pro Stunde). Dabei ist $1\,\text{Stunde} = 1\text{h} = 3600\text{s}$. Daraus resultiert

$$1{,}0\,\frac{\text{m}}{\text{s}} = 1\,\frac{\frac{1}{1000}\,\text{km}}{\frac{1}{3600}\,\text{h}} = 3{,}6\,\frac{\text{km}}{\text{h}}\,.$$

Bemerkungen:

- Die Geschwindigkeit kann auch *negative* Werte annehmen, was im s-t-Diagramm einer *negativen Steigung* an der betrachteten Stelle (bzw. in einem betrachteten Bereich) entspricht. Bei einer Bewegung entlang einer Geraden entspricht das dann einer Bewegung in *negative* Richtung, also „nach links“.
- Wen der Begriff des Grenzwerts (*limes*) nervös gemacht hat, der kann zunächst beruhigt werden. Wir kommen bei den Beispielen und Aufgaben ohne ihn aus, man merke sich einfach, dass $v(t) = \dot{s}(t)$ gilt. Wie man eine konkret gegebene Funktion nach der Zeit ableitet, sieht man etwa in Beispiel 11. Dennoch sollte man sich langsam auch an die mathematischere Darstellungsweise der Physik gewöhnen und bei Bedarf seine Mathekenntnisse auffrischen [3].

Beispiel 11 (zur Geschwindigkeit):

Ein Punkt bewegt sich gemäß dem s-t-Gesetz $s(t) = \frac{1}{3{,}0}\frac{\mathrm{m}}{\mathrm{s}^3} \cdot t^3 + 2{,}0\frac{\mathrm{m}}{\mathrm{s}} \cdot t$. Wir bestimmen seine *Momentangeschwindigkeit* zum Zeitpunkt t im Allgemeinen sowie zum Zeitpunkt $t = 2{,}0\,s$ im Speziellen. Außerdem bestimmen wir die *Durchschnittgeschwindigkeit* im Zeitraum von 0,0 s bis 2,0 s.

Um die Momentangeschwindigkeit zu bestimmen, leiten wir nach der Zeit ab und erhalten

v(t) = Momentangeschw.

$$v(t) = \dot{s}(t) = 1{,}0\frac{\mathrm{m}}{\mathrm{s}^3} \cdot t^2 + 2{,}0\frac{\mathrm{m}}{\mathrm{s}}.$$

Zum Zeitpunkt $t = 2{,}0\,s$ gilt dann

$$v(t) = \dot{s}(t) = 1{,}0\frac{\mathrm{m}}{\mathrm{s}^3} \cdot (2{,}0\,\mathrm{s})^2 + 2{,}0\frac{\mathrm{m}}{\mathrm{s}} = 6{,}0\frac{\mathrm{m}}{\mathrm{s}}.$$

Die gesuchte Durchschnittsgeschwindigkeit berechnet sich aus

$$\bar{v} = \frac{\Delta s}{\Delta t}.$$

Dabei ist

$$\Delta t = (2{,}0 - 0)\,\mathrm{s} = 2{,}0\,\mathrm{s}$$

und

$$\Delta s = s(2{,}0\mathrm{s}) - s(0\,\mathrm{s}) = \frac{1}{3{,}0}\frac{\mathrm{m}}{\mathrm{s}^3} \cdot (2{,}0\,\mathrm{s})^3 + 2{,}0\frac{\mathrm{m}}{\mathrm{s}} \cdot 2{,}0\,\mathrm{s} = \frac{20}{3}\,\mathrm{m}.$$

Es folgt

$$\bar{v} = \frac{\Delta s}{\Delta t} = \frac{20}{6}\frac{\mathrm{m}}{\mathrm{s}} = 3{,}3\frac{\mathrm{m}}{\mathrm{s}}.$$

Durchschnittsgeschw.

Bemerkung:

Die Durchschnittsgeschwindigkeit ist also *nicht* einfach das arithmetische Mittel aus Anfangs- und Endgeschwindigkeit.

Beschleunigung

- Die *Beschleunigung* eines Punkts gibt an, wie stark sich zu einem bestimmten Zeitpunkt *seine Geschwindigkeit ändert*. Dazu betrachten wir ein v-t-Diagramm wie in Abbildung 2.20. Wir können nun eine völlig analoge Überlegung wie bei der Definition der Durchschnittsgeschwindigkeit und der Momentangeschwindigkeit anstellen (siehe oben), vgl. dazu die Abbildungen 2.20, aber auch 2.18 und 2.19.

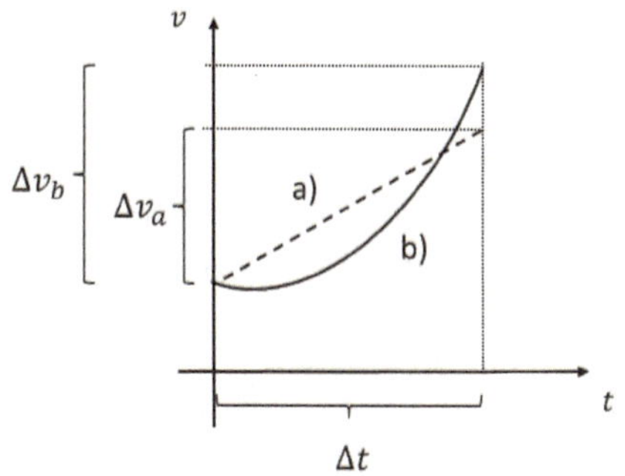

Abbildung 2.20: Zur Definition der Beschleunigung.

- Die Durchschnittsbeschleunigung ist dann definiert durch

$$\bar{a} = \frac{\Delta v}{\Delta t} \quad \textit{(Durchschnittsbeschleunigung im Zeitintervall } \Delta t\textit{)}.$$

- Die Momentanbeschleunigung ist entsprechend definiert durch

$$a(t) = \lim_{\Delta t \to 0} \frac{v(t + \Delta t) - v(t)}{\Delta t} = \lim_{\Delta t \to 0} \frac{\Delta v}{\Delta t} = \dot{v}(t).$$

(Momentanbeschleunigung zum Zeitpunkt t)

Mit $\dot{v}(t)$ ist entsprechend wieder die zeitliche Ableitung von $v(t)$ gemeint.

- Man beachte, dass sich aus den Definitionen von Geschwindigkeit und Beschleunigung folgender Zusammenhang ergibt:

$$a(t) = \dot{v}(t) = \ddot{s}(t)$$

  Dabei ist $\ddot{s}(t)$ die zweite zeitliche Ableitung von $s(t)$.
- Damit angehende Studierende nicht beunruhigt sind: Wir werden uns in den Übungen – wie in der Schulphysik üblich – auf Problemstellungen mit *konstanter* Beschleunigung konzentrieren, wodurch der mathematische Anspruch überschaubar bleibt (vgl. Abschnitte 2.4.3 und 2.4.4).
- *Einheit* der Beschleunigung: $[a] = 1\,\frac{\mathrm{m}}{\mathrm{s}^2}$.

Bemerkung:

Die Beschleunigung kann auch *negative* Werte annehmen. Im v-t-Diagramm entspricht das dann einer *negativen Steigung* am betrachteten Punkt (bzw. in einem betrachteten Bereich). Man spricht dann auch von einer *Verzögerung*, da die Geschwindigkeit in diesem Fall abnimmt (vgl. auch Musteraufgabe 2).

Beispiel 12:

Ein Körper bewegt sich nach dem s-t-Gesetz

$$s(t) = 5{,}0\,\frac{\mathrm{m}}{\mathrm{s}^2} \cdot t^2 - 2{,}0\,\frac{\mathrm{m}}{\mathrm{s}} \cdot t + 1{,}0\,\mathrm{m}.$$

Wir bestimmen das v-t-Gesetz sowie das a-t-Gesetz (Beschleunigungs-Zeit-Gesetz).

Es gilt

$$v(t) = \dot{s}(t) = 10\,\frac{\mathrm{m}}{\mathrm{s}^2} \cdot t - 2{,}0\,\frac{\mathrm{m}}{\mathrm{s}}$$

sowie

$$a(t) = \dot{v}(t) = \ddot{s}(t) = 10\,\frac{\mathrm{m}}{\mathrm{s}^2}\,.$$

Man beachte, dass in diesem Beispiel die Momentanbeschleunigung a *konstant* ist, also gar nicht von der Zeit t abhängt. Die Momentanbeschleunigung ist also hier zu jedem Zeitpunkt gleich groß, man spricht dann einfach von der *Beschleunigung*.

2.4.3 Wichtige Spezialfälle: Gleichförmige und gleichmäßig beschleunigte Bewegung (jeweils in einer Raumdimension)

Gleichförmige Bewegung:

Bei der *gleichförmigen Bewegung* ist die *Momentangeschwindigkeit zeitlich konstant.* Die Momentangeschwindigkeit ist dann also gleich der Durchschnittsgeschwindigkeit, und man spricht einfach von der *Geschwindigkeit.*

Die Geschwindigkeit wird dann oft mit dem Symbol v_0 bezeichnet.
In Formeln:

$$v = \bar{v} = v_0 = \text{const.} \quad (\textit{Geschwindigkeit beigleichförmiger Bewegung})$$

Wegen $\dot{s} = v = v_0$ kann das *s-t-Gesetz der gleichförmigen Bewegung* einfach hergeleitet werden. Es gilt dann

$$s(t) = v_0 \cdot t + s_0 \quad (\textit{s-t-Gesetz der gleichförmigen Bewegung}).$$

Durch *Ableiten nach der Zeit* kann man recht einfach die Richtigkeit dieser Formel überprüfen.s_0 ist dabei zunächst formal eine *Integrationskonstante*, die beim Ableiten wieder herausfällt. s_0 lässt sich jedoch auch physikalisch interpretieren: Es handelt sich nämlich hierbei um den Ort, an dem sich der betrachtete bewegte Punkt zum Zeitpunkt $t = 0$, also zu Beginn der Betrachtung, befindet. Man spricht dann auch vom *Anfangsort.* Denn durch Einsetzen von $t = 0$ in das s-t-Gesetz der gleichförmigen Bewegung erhalten wir $s(0) = s_0$. Dieser Anfangsort kann im Bezugspunkt O liegen, dann ist $s_0 = 0$. Er kann aber auch an einem anderen Punkt liegen (siehe nachfolgendes Beispiel 13).

Beispiel 13 zur gleichförmigen Bewegung:

Ein Auto bewegt sich *gleichförmig* auf einer Bundesstraße und legt dabei die Strecke von 800 m in einer Zeit von 40 s zurück. Zu Beginn befindet sich das Auto bei „Kilometer 30" der Bundesstraße. Wir bestimmen die Geschwindigkeit des Fahrzeugs (in $\frac{\mathrm{m}}{\mathrm{s}}$ und in $\frac{\mathrm{km}}{\mathrm{h}}$) sowie das s-t-Gesetz, wenn der Bezugspunkt „Kilometer 0" der Bundesstraße ist.

Es gilt

$$v_0 = \bar{v} = \frac{\Delta s}{\Delta t} = \frac{800\,\mathrm{m}}{40\,\mathrm{s}} = 20\,\frac{\mathrm{m}}{\mathrm{s}} = 20 \cdot 3{,}6\,\frac{\mathrm{km}}{\mathrm{h}} = 72\,\frac{\mathrm{km}}{\mathrm{h}}.$$

Wegen $s_0 = 30000\,\mathrm{m}$ ist dann das s-t-Gesetz durch

$$s(t) = 20\,\frac{\mathrm{m}}{\mathrm{s}} \cdot t + 30000\,\mathrm{m} \text{ (SI-Einheiten)} \quad \text{bzw.}$$

$$s(t) = 72\,\frac{\mathrm{km}}{\mathrm{h}} \cdot t + 30\,\mathrm{km}$$

gegeben. In der Regel wird man die *Angabe in SI-Einheiten* wählen, wenn nicht ausdrücklich anders verlangt.

Gleichmäßig beschleunigte Bewegung:

Bei der *gleichmäßig beschleunigten Bewegung* ist die *Momentanbeschleunigung zeitlich konstant.* Sie entspricht dann der Durchschnittsbeschleunigung und man spricht einfach von der *Beschleunigung.*

In Formeln:

$a = \bar{a} = \text{const.}$ (*Beschleunigung bei gleichmäßig beschleunigter Bewegung*)

Wegen $\dot{v} = a$ kann das *v-t-Gesetz der gleichmäßig beschleunigten Bewegung* einfach hergeleitet werden. Es gilt dann

$v(t) = a \cdot t + v_0$	(*v-t-Gesetz der gleichmäßig beschleunigten Bewegung*)

Durch *Ableiten nach der Zeit* kann man die Richtigkeit dieser Formel überprüfen. v_0 ist dabei zunächst formal eine *Integrationskonstante*, die beim Ableiten wieder herausfällt. v_0 lässt sich jedoch auch physikalisch interpretieren: Es handelt sich nämlich hierbei um die Momentangeschwindigkeit des betrachteten bewegten Punkts zum Zeitpunkt $t = 0$. Man spricht dann auch von der *Anfangsgeschwindigkeit.* Denn durch Einsetzen von $t = 0$ in das v-t-Gesetz der gleichmäßig beschleunigten Bewegung erhalten wir $v(0) = v_0$.

Entsprechend kann aus $\dot{s} = v$ das *s-t-Gesetz der gleichmäßig beschleunigten Bewegung* bestimmt werden. Es gilt

$s(t) = \frac{1}{2} a \cdot t^2 + v_0 \cdot t + s_0$	(*s-t-Gesetz der gleichmäßig beschleun. Bewegung*)

Erneut kann man durch *Ableiten nach der Zeit* die Richtigkeit der Formel überprüfen, denn dann erhält man das v-t-Gesetz der gleichmäßig beschleunigten Bewegung. Die Integrationskonstante s_0 entspricht wie bei der gleichförmigen Bewegung dem *Anfangsort.*

Beispiel 14 (zur gleichmäßig beschleunigten Bewegung):

Ein Auto fährt bei „Kilometer 30" mit einer Geschwindigkeit von $50\,\frac{\text{km}}{\text{h}}$ auf eine Bundesstraße auf und beschleunigt mit einer konstanten Beschleunigung innerhalb von 3,0 s auf $90\,\frac{\text{km}}{\text{h}}$. Wir bestimmen die Beschleunigung, das v-t-Gesetz und das s-t-Gesetz.

Da nicht anders angegeben, erfolgt die Berechnung in SI-Einheiten.

Die konstante Beschleunigung erhalten wir aus

$$a = \frac{\Delta v}{\Delta t} = \frac{\frac{90-50}{3,6}\,\frac{\mathrm{m}}{\mathrm{s}}}{3{,}0\,\mathrm{s}} = 3{,}7\,\frac{\mathrm{m}}{\mathrm{s}^2}.$$

Mit $v_0 = 50\,\frac{\mathrm{km}}{\mathrm{h}} = 14\,\frac{\mathrm{m}}{\mathrm{s}}$ erhalten wir dann das v-t-Gesetz

$$v(t) = 3{,}7\,\frac{\mathrm{m}}{\mathrm{s}^2} \cdot t + 14\,\frac{\mathrm{m}}{\mathrm{s}}.$$

Schließlich ergibt sich mit $s_0 = 30000\,\mathrm{m}$ das s-t-Gesetz zu

$$s(t) = \frac{1}{2} \cdot 3{,}7\,\frac{\mathrm{m}}{\mathrm{s}^2} \cdot t^2 + 14\,\frac{\mathrm{m}}{\mathrm{s}} \cdot t + 30000\,\mathrm{m}.$$

Anwendung: Freier Fall und Senkrechter Wurf:

Fällt ein Körper, dessen Bewegung wir hier durch die Bewegung seines Schwerpunkts beschreiben, auf der Erde *frei*, d. h. *vernachlässigt* man den *Luftwiderstand* bei der Fallbewegung, so liegt eine gleichmäßig beschleunigte Bewegung vor. Der *Betrag der Beschleunigung* entspricht ist in diesem Fall $g = 9{,}81\,\frac{\mathrm{m}}{\mathrm{s}^2}$ und wird als *Fallbeschleunigung* bezeichnet.

Die *Fallbeschleunigung* entspricht genau dem *Ortsfaktor.*

Wir stellen dies hier lediglich als Tatsache fest und begründen dies genauer in Abschnitt 2.6 (auch von den Einheiten her, wir zeigen dort, dass $1\,\frac{\mathrm{N}}{\mathrm{kg}} = 1\,\frac{\mathrm{m}}{\mathrm{s}^2}$).

Streng genommen spricht man nur vom *freien Fall*, wenn der fallende Körper *aus der Ruhe* beginnt zu fallen, d. h. wenn seine Anfangsgeschwindigkeit $v_0 = 0$ beträgt. Besitzt der Körper zu Beginn eine Anfangsgeschwindigkeit $v_0 \neq 0$, so spricht man von einem *senkrechten Wurf* (vgl. Abbildung 2.21).

Der freie Fall ist also ein Spezialfall des senkrechten Wurfs.

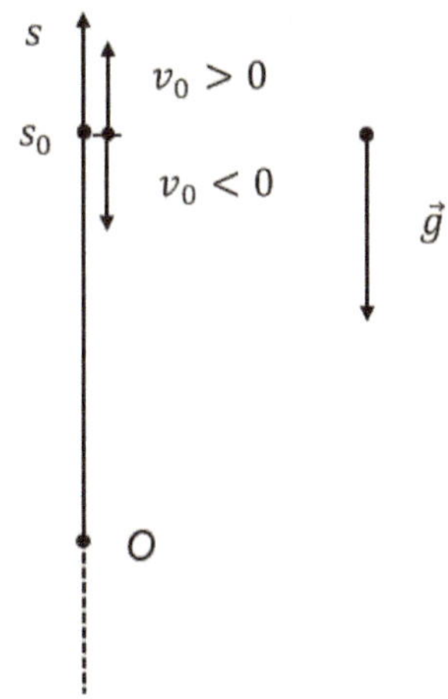

Abbildung 2.21: Zum senkrechten Wurf.

In der Regel wählt man beim freien Fall und beim senkrechten Wurf den tiefsten Punkt (also z. B. den Erdboden) als Bezugspunkt O und trägt s nach oben auf (siehe Abbildung 2.21). Ist nun $v_0 > 0$, so handelt es sich um einen *senkrechten Wurf nach oben*, ist dagegen $v_0 < 0$, so liegt ein *senkrechter Wurf nach unten* vor.

Das v-t-Gesetz des senkrechten Wurfs lautet

$$v(t) = -g \cdot t + v_0 \quad \text{(v-t-Gesetz des senkrechten Wurfs).}$$

Man beachte dabei, dass für die Beschleunigung a die *negative* Fallbeschleunigung $(-g)$ eingesetzt wurde, da die *Beschleunigung* nach unten zeigt (vgl. Abbildung 2.21). Für den freien Fall gilt dann das gleiche Gesetz mit $v_0 = 0$.

Entsprechend lautet das s-t-Gesetz des senkrechten Wurfs

$$s(t) = -\frac{1}{2} g \cdot t^2 + v_0 \cdot t + s_0 \quad \text{(s-t-Gesetz senkrechter Wurfs).}$$

Für den freien Fall gilt dann das gleiche Gesetz mit $v_0 = 0$. s_0 ist die *Anfangshöhe.*

Ein Rechenbeispiel zum senkrechten Wurf finden Sie in Übungsaufgabe 6.

2.4.4 Kinematik in zwei Raumdimensionen, Wurfbewegungen

Im Folgenden betrachten wir die Kinematik in zwei Raumdimensionen. Dabei konzentrieren wir uns in erster Linie auf *Wurfbewegungen. Kreisbewegungen* behandeln wir *separat* in Abschnitt 2.9.

Waagerechter Wurf:

Beim *waagerechten Wurf* wird ein Körper in *waagerechter* Richtung (x-Richtung) mit der Geschwindigkeit $\vec{v}_{0x}$ (mit Betrag v_{0x}) abgeworfen. Der Körper, repräsentiert durch seinen *Schwerpunkt*, führt dann eine Bewegung in *zwei* Raumdimensionen aus (x- und y-Richtung, vgl. Abbildung 2.22), und zwar

- eine *gleichförmige Bewegung in x-Richtung* mit der Abwurfgeschwindigkeit $\vec{v}_{0x}$
- sowie eine *gleichmäßig beschleunigte Bewegung in y-Richtung (freier Fall!)* in y-Richtung mit der zeitabhängigen Geschwindigkeit $\vec{v}_y(t)$, wobei $\vec{v}_y(0) = \vec{v}_{0y} = \vec{0}$.

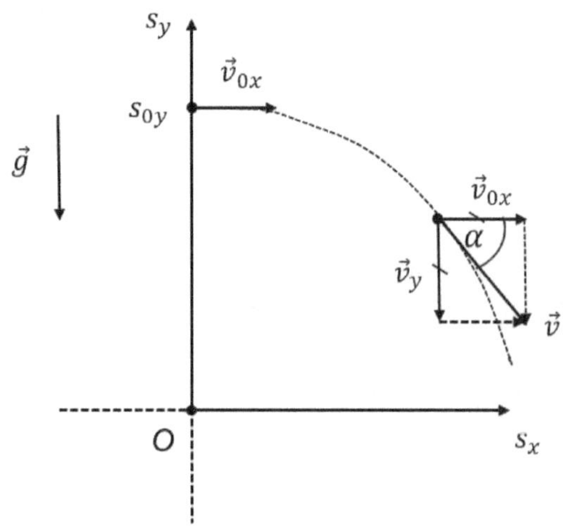

Abbildung 2.22: Zum waagerechten Wurf.

Wir wählen ein geeignetes Koordinatensystem für diese Bewegung mit Ursprung O lotrecht unter dem Abwurfpunkt in der *Anfangshöhe* s_{0y}, außerdem $s_{0x} = 0$. Die Ortskoordinate in x-Richtung, die der waagerecht abgeworfene Punkt beschreibt, bezeichnen wir mit $s_x = s_x(t)$, diejenige in y-Richtung mit $s_y = s_y(t)$, vgl. Abbildung 2.22. In dieser Abbildung ist der abgeworfene Punkt zum Zeitpunkt des Abwurfs ($t = 0$) sowie zu einem beliebigen späteren Zeitpunkt t dargestellt. Zum Zeitpunkt $t = 0$ gibt es nur die waagrechte Geschwindigkeitskomponente $\vec{v}_{0x}$ (in x-Richtung), zu allen späteren Zeitpunkten gibt es zusätzlich in die Komponente $\vec{v}_y(t)$, welche mit der Zeit anwächst. Daher ist die resultierende Geschwindigkeit $\vec{v}(t) = \vec{v}_{0x} + \vec{v}_y(t)$ mit wachsender Zeit zunehmend nach unten geneigt. Zu jedem Zeitpunkt ist dieser *Geschwindigkeitsvektor tangential* zur Bahnkurve (in Abbildung 2.22 gestrichelt eingezeichnet) geneigt.

Aus den gerade angestellten Betrachtungen wird ersichtlich, dass die Bewegung in x-Richtung bzw. in y-Richtung *unabhängig* von der jeweils anderen Richtung behandelt werden kann, und dann die *resultierende Bewegung* durch *vektorielle Addition* erfolgt.

Dies führt uns zu folgenden *Bewegungsgesetzen* (es genügt nun, in den jeweiligen Richtungen die Beträge zuzüglich Vorzeichen zu betrachten):

Waagerechter Wurf:

Gleichförmige Bewegung in x-Richtung:

$$v_x = v_{0x} = \text{const.} \qquad \textit{(Geschwindigkeit in x-Richtung)}$$

$$s_x(t) = v_{0x} \cdot t \qquad \textit{(Ort in x-Richtung)}$$

Freier Fall in y-Richtung:

$$v_y(t) = -g \cdot t \qquad \textit{(Geschwindigkeit in y-Richtung)}$$

$$s_y(t) = -\frac{1}{2} g \cdot t^2 + s_{0y} \qquad \textit{(Ort in y-Richtung)}$$

Beispiel 15 (zum waagerechten Wurf):

Ein Ball wird mit einer Geschwindigkeit von $10\,\frac{\mathrm{m}}{\mathrm{s}}$ aus einer Höhe von 8,0 m waagerecht abgeworfen ($g = 10\,\frac{\mathrm{m}}{\mathrm{s2}}$). Wir berechnen die *Wurfweite* sowie *Betrag und Richtung der Geschwindigkeit*, mit welcher der Ball am Boden *auftrifft*.

Zur Bestimmung der Wurfweite: Diese ist dann erreicht, wenn der Ball am Boden auftrifft, also in der Höhe $s_y = 0$. Aus dieser Bedingung kann die *Wurfzeit* berechnet werden,

$$s_y(t) = -\frac{1}{2} g \cdot t^2 + s_{0y} = 0.$$

Umgestellt nach der Zeit ergibt sich dann für die Fallzeit

$$t = \sqrt{\frac{2 \cdot s_{0y}}{g}}.$$

Diese kann nun in die Formel für den Ort in x-Richtung ($s_x(t) = v_{0x} \cdot t$) eingesetzt werden, denn die gesuchte Wurfweite entspricht dann der Ortskoordinate des Aufpralls am Boden (vgl. dazu auch Abbildung 2.22).

Es gilt also für die *Wurfweite*

$$s_x(t) = v_{0x} \cdot t = v_{0x} \cdot \sqrt{\frac{2 \cdot s_{0y}}{g}} = 10\,\frac{\mathrm{m}}{\mathrm{s}} \cdot \sqrt{\frac{2 \cdot 8{,}0\,\mathrm{m}}{10\,\frac{\mathrm{m}}{\mathrm{s}^2}}} = 13\,\mathrm{m}.$$

Mit $v_y(t) = -g \cdot t$ folgt zunächst

$$v_y = v_y(t) = -g \cdot t = -g \cdot \sqrt{\frac{2 \cdot s_{0y}}{g}} = -\sqrt{2 \cdot s_{0y} \cdot g}.$$

Mit $v_x = v_{0x} = \text{const.}$ folgt mit Hilfe des Satzes von Pythagoras (vgl. Abbildung 2.22)

$$|\vec{v}| = v = \sqrt{v_x^2 + v_y^2} = \sqrt{v_{0x}^2 + 2 \cdot s_{0y} \cdot g}$$
$$= \sqrt{100\,\frac{\mathrm{m}^2}{\mathrm{s}^2} + 2 \cdot 8{,}0\,\mathrm{m} \cdot 10\,\frac{\mathrm{m}}{\mathrm{s}^2}} = 16\,\frac{\mathrm{m}}{\mathrm{s}}.$$

Die Richtung des resultierenden Geschwindigkeitsvektors wird meist in Bezug auf die Waagerechte (x-Richtung) angegeben, wie in Abbildung 2.22 dargestellt (α). Es gilt dann

$$\tan\alpha = \frac{v_y}{v_{0x}} = \frac{-\sqrt{2 \cdot s_{0y} \cdot g}}{v_{0x}}.$$

Also

$$\begin{aligned}\alpha &= \arctan\left(\frac{-\sqrt{2 \cdot s_{0y} \cdot g}}{v_{0x}}\right)\\ &= \arctan\left(\frac{-\sqrt{2 \cdot 8{,}0\,\mathrm{m} \cdot 10\,\frac{\mathrm{m}}{\mathrm{s}^2}}}{10\,\frac{\mathrm{m}}{\mathrm{s}}}\right) = -52^\circ.\end{aligned}$$

Bemerkung:

Das *negative* Vorzeichen beim Winkel bedeutet, dass die resultierende Geschwindigkeit (schräg) *nach unten* zeigt und der Winkel α hier zur Waagerechten *im* Uhrzeigersinn (also im *mathematisch negativen* Sinn) gebildet wird.

Vertiefung: Schiefer Wurf

Beim schiefen Wurf wird ein Körper schräg nach oben (bzw. schräg nach unten) mit der Geschwindigkeit $\vec{v}_0$ abgeworfen (vgl. Abbildung 2.23).

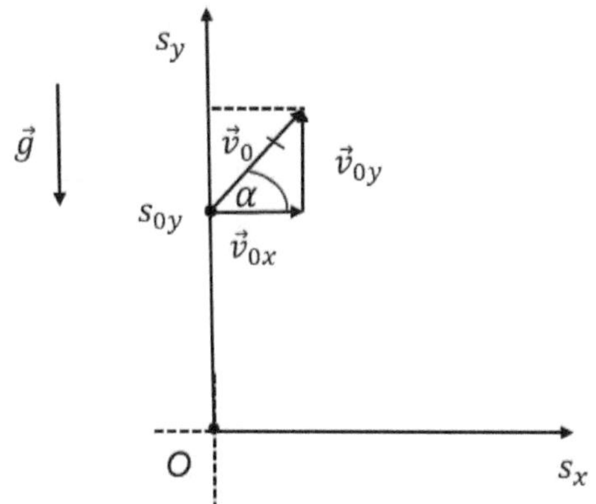

Abbildung 2.23: Zum schiefen Wurf.

Die Abwurfgeschwindigkeit kann dann in eine x- und eine y-Komponente zerlegt werden. Für die Beträge (ggf. zuzüglich Vorzeichen) gilt dann

$$v_{0x} = v_0 \cdot \cos\alpha \quad \text{und} \quad v_{0y} = v_0 \cdot \sin\alpha.$$

Beim *schiefen Wurf* ist dann die resultierende Bewegung eine Überlagerung aus einer *gleichförmigen Bewegung in x-Richtung* und einem *senkrechten Wurf* nach oben (bzw. unten) *in y-Richtung.*

Analog zum waagerechten Wurf erhalten wir also die folgenden Bewegungsgesetze:

Schiefer Wurf:

Gleichförmige Bewegung in x-Richtung:

$v_x = v_0 \cdot \cos\alpha = \text{const.}$ (*Geschwindigkeit in x-Richtung*)

$s_x(t) = v_0 \cdot t \cdot \cos\alpha$ (*Ort in x-Richtung*)

Senkrechter Wurf in y-Richtung:

$v_y(t) = -g \cdot t + v_0 \cdot \sin\alpha$ (*Geschwindigkeit in y-Richtung*)

$s_y(t) = -\frac{1}{2} g \cdot t^2 + v_0 \cdot t \cdot \sin\alpha + s_{0y}$ (*Ort in y-Richtung*)

2.4.5 Musteraufgabe

Musteraufgabe 2:

Ein Auto fährt mit einer Geschwindigkeit von $100 \frac{\text{km}}{\text{h}}$ und bremst ab dem Zeitpunkt $t = 0$ mit einer konstanten Bremsverzögerung von $a = -4{,}8 \frac{\text{m}}{\text{s}^2}$ ab.

a) Wie lange dauert der Bremsvorgang?
b) Berechnen Sie den Bremsweg.
c) Berechnen Sie die Durchschnittgeschwindigkeit während des Bremsvorgangs.
d) Stellen Sie den Bremsvorgang in einem s-t-Diagramm und einem v-t-Diagramm dar.

Lösung:

Gegeben: Anfangsgeschwindigkeit v_0, Bremsverzögerung a; *gleichmäßig beschleunigte Bewegung.*

a) Gesucht: Bremszeit t
v-t-Gesetz: $v(t) = a \cdot t + v_0$
Nach dem Bremsvorgang ist die Geschwindigkeit Null, d.h. mit der Bedingung $v(t) = 0$ kann die Bremszeit direkt berechnet werden. Aus

$$v(t) = a \cdot t + v_0 = 0$$

folgt dann $t = -\frac{v_0}{a} = -\frac{\frac{100}{3{,}6}\frac{\mathrm{m}}{\mathrm{s}}}{-4{,}8\,\frac{\mathrm{m}}{\mathrm{s}^2}} = 5{,}8\,\mathrm{s}.$

b) Gesucht: Bremsweg s
s-t-Gesetz: $s(t) = \frac{1}{2} a \cdot t^2 + v_0 \cdot t + s_0,\ s_0 = 0.$
Die Bremszeit aus a) kann einfach eingesetzt werden. Es folgt

$$s(t) = \frac{1}{2} a \cdot \left(-\frac{v_0}{a}\right)^2 + v_0 \cdot \left(-\frac{v_0}{a}\right) = -\frac{v_0^2}{2 \cdot a}$$

$$= -\frac{\left(\frac{100}{3{,}6}\frac{\mathrm{m}}{\mathrm{s}}\right)^2}{-2 \cdot 4{,}8\,\frac{\mathrm{m}}{\mathrm{s}^2}} = 80\,\mathrm{m}.$$

c) Gesucht: Durchschnittsgeschwindigkeit $\bar{v}$

$$\bar{v} = \frac{\Delta s}{\Delta t} = \frac{-\frac{v_0^2}{2 \cdot a}}{-\frac{v_0}{a}} = \frac{v_0}{2} = 50\,\frac{\mathrm{km}}{\mathrm{h}}.$$

Dieses Ergebnis ist bemerkenswert: Wir haben hiermit allgemein gezeigt, dass die Durchschnittsgeschwindigkeit beim *gleichmäßigen* Abbremsen auf Null der halben Anfangsgeschwindigkeit entspricht (ebenso muss es dann beim *gleichmäßigen* Beschleunigen von Null auf eine Endgeschwindigkeit v_0 sein). An dieser Aufgabe zeigt sich auch, dass es oft *vorteilhaft* ist, *nicht gleich Zahlen einzusetzen, sondern eine Endformel nur durch gegebene Größen auszudrücken.* So erkennt man häufig wichtige Zusammenhänge.

d) Die entsprechenden Diagramme sind nachfolgend dargestellt. Man beachte u.a., dass im s-t-Diagramm die *Steigung* gegen Ende des Bremsvorgangs Null ist, was gerade der Momentangeschwindigkeit

Null zu diesem Zeitpunkt entspricht, wie im v-t-Diagramm darunter zu sehen ist.

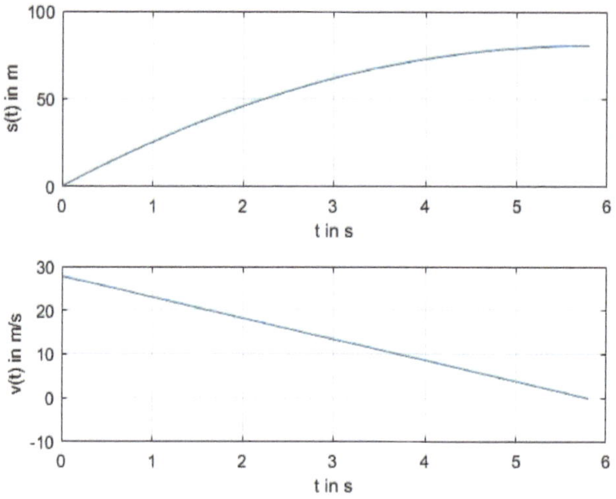

Abbildung 2.24: Zur Musteraufgabe 2**d**).

2.4.6 Übungsaufgaben

Lösungen zu den Übungsaufgaben befinden sich in Anhang 1.

!! **Übungsaufgabe 5:**

Ein Auto fährt auf einer geraden Fahrbahn im Punkt A aus der Ruhe an und beschleunigt konstant mit $a = 2{,}5\,\frac{\mathrm{m}}{\mathrm{s}^2}$. Zum gleichen Zeitpunkt fährt auf dieser Straße in 300 m Entfernung von A mit der konstanten Geschwindigkeit von $72\,\frac{\mathrm{km}}{\mathrm{h}}$ ein weiteres Fahrzeug mit in Richtung des ersten Autos.

Wo begegnen sich die beiden Fahrzeuge?

!! **Übungsaufgabe 6:**

Ein Stein wird von einem 30 m hohen Turm senkrecht abgeworfen und trifft nach 2,5 s am Erdboden auf ($g = 10\,\frac{\mathrm{m}}{\mathrm{s}^2}$).

Mit welcher Geschwindigkeit wurde der Ball abgeworfen (nach oben oder nach unten)?

Übungsaufgabe 7: !!

Aus einem Gartenschlauch tritt in einer Höhe von 1,0 m über dem Boden waagerecht Wasser aus. Der Wasserstrahl trifft in einer Entfernung von 1,5 m entfernt von der Stelle, über der sich die Austrittsdüse befindet, am Boden auf
($g = 10\ \frac{\mathrm{m}}{\mathrm{s}^2}$).

a) Berechnen Sie die Austrittsgeschwindigkeit des Wassers am Gartenschlauch.
b) Die Austrittsgeschwindigkeit wird nun verändert, die Austrittshöhe wird beibehalten. Mit welcher Geschwindigkeit muss das Wasser dann ausströmen, damit es unter einem Winkel von $\alpha = -45°$ gegen die Waagerechte auftrifft?
c) Beschreiben Sie allgemein den Bahnverlauf s_y beim waagerechten Wurf mathematisch als Funktion von s_x.

Übungsaufgabe 8: !!!

Ein kleines Geschoss wird in einer ebenen Landschaft genau vom Erdboden aus schräg nach oben abgefeuert.

Unter welchem Winkel muss man dies tun, damit das Geschoss möglichst weit kommt (rechnerische Begründung)?

Übungsaufgabe 9: !!

Ein Flugzeug fliegt bei Windstille mit einer Eigengeschwindigkeit von $150\ \frac{\mathrm{m}}{\mathrm{s}}$. Der Pilot möchte einen Flughafen anfliegen, der genau im Norden vom Ausgangspunkt aus gesehen liegt. Während des Flugs weht ein konstanter Westwind mit einer Windgeschwindigkeit von $25\ \frac{\mathrm{m}}{\mathrm{s}}$.

Welche Richtung muss der Pilot ansteuern, damit das Flugzeug insgesamt gegen Norden fliegt? Fertigen Sie eine Skizze an.

2.5 Reibung

2.5.1 Haftreibung, Gleitreibung, Rollreibung

- Gleitet ein Körper über eine *raue Unterlage*, so wird er durch die so genannte *Gleitreibungskraft* abgebremst.
- Wenn sich ein Körper auf einer *rauen Unterlage* befindet und er in Bewegung gesetzt werden soll, muss dazu zunächst die (maximale) *Haftreibungskraft* überwunden werden. Denn zwischen der Kontaktfläche des Körpers mit der Unterlage wirken so genannte *Adhäsionskräfte*, die überwunden werden müssen.

- Die *maximale Haftreibungskraft*, die überwunden werden muss, um den Körper in Bewegung zu setzen, ist in der Regel etwas *größer*, als die *Gleitreibungskraft*, die dann nötig ist, um diese Bewegung aufrecht zu erhalten
- Auch ein *rollendes Rad* erfährt eine Reibungskraft mit der Unterlage, man spricht hier von der *Rollreibungskraft*. Diese ist jedoch *wesentlich kleiner* als die *Gleitreibungskraft*.

Die hier beschriebenen Reibungskräfte können durch recht einfache Experimente untersucht und durch sehr einfache Formeln mathematisch beschrieben werden. Man spricht von *Coulomb-Reibung*. Es gilt dann

$$F_{Haft,\,max} = \mu_{Haft} \cdot F_N \qquad (\textit{maximale Haftreibungskraft})$$

$$F_{Gleit} = \mu_{Gleit} \cdot F_N \qquad (\textit{Gleitreibungskraft})$$

$$F_{Roll} = \mu_{Roll} \cdot F_N \qquad (\textit{Rollreibungskraft})$$

- Dabei sind μ_{Haft}, μ_{Gleit} und μ_{Roll} die sogenannten *Reibungskoeffizienten*, nämlich der *Haft-*, *Gleit* und *Rollreibungskoeffizient*. Diese sind experimentell ermittelbare feste Zahlen, welche von der *Art der beiden Kontaktflächen* (Körper und Unterlage) abhängen. Bei glatt polierten Kontaktflächen sind die Reibungskoeffizienten klein, jedoch streng genommen niemals exakt Null.
- Mit F_N ist der Betrag der Normalkraft, mit welcher der Körper auf die Unterlage drückt, gemeint. *In der Ebene* gilt $F_N = F_g = m \cdot g$, auf

einer *schiefen Ebene* mit Neigungswinkel α hingegen gilt $F_N = F_g \cdot \cos\alpha = m \cdot g \cdot \cos\alpha$ (vgl. z. B. Übungsaufgabe 3).

- Interessanterweise hängt die Reibungskraft *nicht* von der Größe der Kontaktfläche ab. Wir gehen hier jedoch nicht näher auf die Theorie dahinter ein.
- Es gibt auch noch weitere Arten von Reibungs- und Widerstandskräften, z. B. den „Luftwiderstand", den ein sich bewegender Körper erfährt. Wir gehen in diesem Vorkurs jedoch nicht weiter darauf ein und überlassen die Behandlung dieser und weiterer verwandter Themengebiete der Hochschulmechanik [1].

Beispiel 16:

Ein Eisenklotz der Masse 1,25 kg liegt auf einem Holzbrett ($\mu_{Haft} = 0{,}50$, $\mu_{Gleit} = 0{,}40$). Um ihn in Bewegung zu setzen, muss die maximale Haftreibungskraft

$$F_{Haft,max} = \mu_{Haft} \cdot F_N = 0{,}50 \cdot 1{,}25\text{kg} \cdot 9{,}81 \frac{\text{N}}{\text{kg}} = 6{,}1\,\text{N}$$

überwunden werden.

Um die Gleitbewegung aufrecht zu erhalten, muss die Gleitreibungskraft

$$F_{Gleit} = \mu_{Gleit} \cdot F_N = 0{,}40 \cdot 1{,}25\,\text{kg} \cdot 9{,}81 \frac{\text{N}}{\text{kg}} = 4{,}9\,\text{N}$$

aufgewendet werden.

2.5.2 Musteraufgabe

Musteraufgabe 3:

Ein Auto der Masse der Masse 1,25 Tonnen befindet sich auf einer Fahrbahn. Den Kontakt zur Fahrbahn bilden die Reifen. Zwischen ihnen und der Fahrbahn sind die zugehörigen Reibungskoeffizienten $\mu_{Haft} = 0{,}60$, $\mu_{Gleit} = 0{,}50$ und $\mu_{Roll} = 0{,}020$. Rechnen Sie mit $g = 10\ \frac{\text{N}}{\text{kg}}$.

a) Welche Kraft ist erforderlich, um das Auto aus der Ruhe und bei blockierender Bremse in Bewegung zu setzen?
b) Welche Kraft ist erforderlich, um das Auto dann weiter zu schieben?

c) Welche Kraft ist erforderlich, um das Auto bei nicht blockierenden Bremsen weiter zu schieben?

Lösung:

Gegeben: Masse, Ortsfaktor (damit die Normalkraft) und Reibungskoeffizienten.

a) Gesucht ist die maximale Haftreibungskraft, die bei blockierender Bremse zu überwinden ist. Es gilt

$$F_{Haft,max} = \mu_{Haft} \cdot F_N = 0{,}60 \cdot 1250\,\text{kg} \cdot 10\,\frac{\text{N}}{\text{kg}} = 7500\,\text{N}.$$

b) Gesucht ist die Gleitreibungskraft

$$F_{Gleit} = \mu_{Gleit} \cdot F_N = 0{,}50 \cdot 1250\,\text{kg} \cdot 10\,\frac{\text{N}}{\text{kg}} = 6300\,\text{N}.$$

c) Gesucht ist die Rollreibungskraft. Es gilt

$$F_{Roll} = \mu_{Roll} \cdot F_N = 0{,}020 \cdot 1250\,\text{kg} \cdot 10\,\frac{\text{N}}{\text{kg}} = 250\,\text{N}.$$

2.5.3 Übungsaufgabe

Übungsaufgabe 10:

!! Auf eine schiefe Ebene (vgl. Abbildung 2.15) mit Neigungswinkel α wird ein Klotz der Masse 15 kg gelegt. Die zugehörigen Reibungskoeffizienten betragen $\mu_{Haft} = 0{,}60$ sowie $\mu_{Gleit} = 0{,}50$.

Wir stellen uns nun vor, dass der Neigungswinkel α der schiefen Ebene variabel ist und langsam von 0° aus erhöht wird.

Ab welchem Winkel beginnt dann der Klotz zu rutschen?

2.6 Grundgesetz der Dynamik (Aktionsprinzip), Kinetik

2.6.1 Theorie

In Abschnitt 2.2.1 haben wir das *zweite Newtonsche Axiom*, auch *Grundgesetz der Dynamik* oder *Aktionsprinzip* genannt, kennen gelernt. Es lautet

$$\vec{F} = m \cdot \vec{a} \quad (\textit{Aktionsprinzip} = \textit{Grundgesetz der Dynamik}).$$

Das Grundgesetz der Dynamik besagt, *dass Kräfte Ursache für Beschleunigungen (also letztlich für Bewegungen)* sind. Ist ein Körper *nicht* im *Kräftegleichgewicht*, ist die an ihm angreifende resultierende Kraft also nicht null, so wird er *beschleunigt*.

Wir widmen diesem wichtigen Prinzip nun einen eigenen Abschnitt, wobei wir uns hierbei auf Beispiele und Aufgaben konzentrieren wollen. Zunächst aber einige kurze Betrachtungen vorweg:

- Wir werden in diesem Abschnitt das *Grundgesetz der Dynamik* nur für Probleme in *einer Raumdimension* behandeln, daher können wir im Folgenden den *Vektorpfeil* über der Beschleunigung *weglassen*.
- Durch das Grundgesetz der Dynamik können wir die Einheit 1 N auf physikalische *Basiseinheiten* zurückführen. Wenn wir die rechte Seite der Gleichung $(m \cdot a)$ betrachten, so hat diese die Einheit

  $$[m \cdot a] = 1\,\mathrm{kg}\,\frac{\mathrm{m}}{\mathrm{s}^2}.$$

  Wir können also folgern:

  Einheit der Kraft: $[F] = 1\,\mathrm{N} = 1\,\mathrm{kg}\,\frac{\mathrm{m}}{\mathrm{s}^2}$.

- Der *Ortsfaktor* $g = 9{,}81\,\frac{\mathrm{N}}{\mathrm{kg}}$ hat somit die *Einheit*

  $$[g] = 1\,\frac{\mathrm{N}}{\mathrm{kg}} = 1\,\frac{\mathrm{kg}\,\frac{\mathrm{m}}{\mathrm{s}^2}}{\mathrm{kg}} = 1\,\frac{\mathrm{m}}{\mathrm{s}^2},$$

  d. h. die Einheit einer Beschleunigung.

- Für einen Körper, der durch seine Gewichtskraft in Richtung Erdboden beschleunigt wird (freier Fall), gilt

  $$F_g = m \cdot a$$

  Trägt man wie in Abbildung 2.21 die Ortskoordinate nach oben positiv auf, so gilt

  $$F_g = -m \cdot g$$

  (die Gewichtskraft zeigt nach unten). Durch Gleichsetzen erhalten wir also

  $$m \cdot a = -m \cdot g$$

  bzw. durch Kürzen der Masse

  $$a = -g.$$

Die Beschleunigung beim freien Fall entspricht also betragsmäßig genau dem Ortfaktor, den wir im Folgenden stets Fallbeschleunigung nennen werden. Die Fallbeschleunigung ist für alle Körper, unabhängig von ihrer Masse, gleich.

- Wir hatten den Begriff der Fallbeschleunigung zwar bereits ab 2.4.3 verwendet, verstehen ihn nun aber besser.
- Der scheinbare Widerspruch, dass manche Körper „schneller" zu Boden zu fallen scheinen als andere, liegt am bei unseren Betrachtungen *vernachlässigten Luftwiderstand* (ohne diesen erfahren alle fallenden Körper die gleiche Beschleunigung).
- Wir hatten in Abschnitt 2.4 den Begriff *Kinematik* für die Bewegungslehre kennen gelernt, wobei hier die Ursachen der Bewegung, nämlich die Kräfte, außen vor gelassen wurden. Werden die *Bewegungen* unter Einbeziehung der *wirkenden Kräfte* betrachtet, so spricht man von der so genannten *Kinetik*.

Beispiel 17:

Zwei Fahrzeuge der Masse m_1 = 1,82 Tonnen bzw. m_2 = 0,910 Tonnen beschleunigen konstant in 8,00 s aus der Ruhe auf 100 $\frac{\text{km}}{\text{h}}$. Wir berechnen jeweils die dazu erforderliche Kraft.

Zunächst müssen wir die Beschleunigung bestimmen. Da diese konstant ist, entspricht sie auch der Durchschnittsbeschleunigung im betrachteten Zeitintervall, und es gilt

$$a = \frac{\Delta v}{\Delta t} = \frac{\frac{100}{3{,}6}\frac{\mathrm{m}}{\mathrm{s}}}{8{,}00\mathrm{s}} = 3{,}47\,\frac{\mathrm{m}}{\mathrm{s}^2}\,.$$

Nach dem Grundgesetz der Dynamik gilt dann für das erste Fahrzeug

$$F_1 = m_1 \cdot a = 1820\,kg \cdot 3{,}47\,\frac{\mathrm{m}}{\mathrm{s}^2} = 6320\,\mathrm{kg}\,\frac{\mathrm{m}}{\mathrm{s}^2} = 6{,}32\,\mathrm{kN}.$$

Für das zweite Fahrzeug folgt entsprechend

$$F_2 = m_2 \cdot a = 910\,kg \cdot 3{,}47\,\frac{\mathrm{m}}{\mathrm{s}^2} = 3{,}16\,\mathrm{kN}.$$

Da das zweite Fahrzeug die halbe Masse des ersten Fahrzeugs besitzt, ist also auch nur die halbe Kraft erforderlich, um eine gleich große Beschleunigung wie beim ersten Fahrzeug zu erzielen ($\mathrm{F} \propto \mathrm{m}$).

Entsprechend könnte man beim zweiten Fahrzeug eine doppelt so große Beschleunigung wie beim ersten Fahrzeug erzielen, wenn man dieses mit der gleichen Kraft wie das erste beschleunigte.

2.6.2 Musteraufgabe

Musteraufgabe 4:

Ein Klotz der Masse $m_1 = 1{,}50\,\mathrm{kg}$ befindet sich auf einem Tisch und wird von einem zweiten Körper der Masse m_2 über eine Umlenkrolle nach unten gezogen (Abbildung 2.25). Der Klotz kann sich dabei auf dem Tisch bewegen und befindet sich zu Beginn der Betrachtung 2,00 m (in Bewegungsrichtung) von der Tischkante entfernt. Die Reibungskoeffizienten zwischen Klotz und Tisch betragen $\mu_{Haft} = 0{,}600$ und $\mu_{Gleit} = 0{,}400$. Rechnen Sie mit $g = 10{,}0\,\frac{\mathrm{m}}{\mathrm{s}^2}$.

a) Wie groß muss die Masse m_2 mindestens gewählt werden, damit sich der Klotz in Bewegung setzt?
b) Wie groß ist die Beschleunigung (rechnen Sie mit m_2 aus Teilaufgabe a)) des Klotzes?

c) Nach welcher Zeit hat der Klotz die Tischkante erreicht?

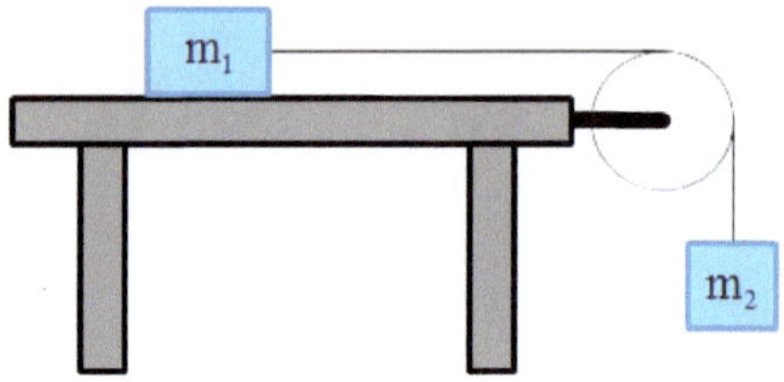

Abbildung 2.25: Zur Musteraufgabe 4.

Lösung:

a) *Die beschleunigende Kraft ist die Gewichtskraft des am Seil nach unten hängenden Körpers*

$$F_2 = m_2 \cdot g.$$

Die Haftreibungskraft zwischen dem auf dem Tisch liegenden Körper und seiner Unterlage wirkt dieser beschleunigenden Kraft jedoch entgegen und muss zunächst überwunden werden. Es muss also

$$F_2 = m_2 \cdot g > F_{Haft,max} = \mu_{Haft} \cdot m_1 \cdot g$$

gelten, damit sich der Klotz überhaupt in Bewegung setzen kann. Im Grenzfall gilt

$$m_2 \cdot g = \mu_{Haft} \cdot m_1 \cdot g,$$

also

$$m_2 = \mu_{Haft} \cdot m_1 = 0{,}600 \cdot 1{,}50\,\text{kg} = 0{,}900\,\text{kg}.$$

m_2 muss also mehr als (bzw. im Grenzfall zumindest) 0,900 kg betragen.

b) Im Folgenden rechnen wir mit dem Wert m_2 = 0,900 kg weiter. Nachdem sich der Klotz in Bewegung gesetzt hat, wirkt auf ihn nach wie vor die beschleunigende Kraft der angehängten Masse m_2. Außerdem wirkt jetzt als verzögernde Kraft die Gleitreibungskraft F_{Gleit} zwischen dem auf dem Tisch liegenden Körper und seiner Unterlage. Die resultierende beschleunigende Kraft ist also

$$F = F_2 - F_{Gleit} = m_2 \cdot g - \mu_{Gleit} \cdot m_1 \cdot g$$

Nach dem Grundgesetz der Dynamik gilt nun

$$F = m \cdot a,$$

wobei $m = m_1 + m_2$ die *gesamte* beschleunigte Masse ist (es wird ja nicht nur der Klotz, sondern auch die überhängende Masse selbst beschleunigt!). Damit folgt schließlich durch Gleichsetzen

$$(m_1 + m_2) \cdot a = m_2 \cdot g - \mu_{Gleit} \cdot m_1 \cdot g$$

bzw. die Beschleunigung

$$a = \frac{(m_2 - \mu_{Gleit} \cdot m_1) \cdot g}{m_1 + m_2} = \frac{(0{,}900 - 0{,}400 \cdot 1{,}50)\,\text{kg} \cdot 10{,}0\,\frac{\text{m}}{\text{s}^2}}{2{,}40\,\text{kg}} = 1{,}25\,\frac{\text{m}}{\text{s}^2}.$$

c) Es liegt eine gleichmäßig beschleunigte Bewegung aus der Ruhe vor, d. h.
$s(t) = \frac{1}{2} a \cdot t^2$ (Anfangsort und Anfangsgeschwindigkeit Null).
Auflösen nach der Zeit ergibt

$$t = \sqrt{\frac{2s(t)}{a}} = \sqrt{\frac{2 \cdot 2{,}00\,\text{m}}{1{,}25\,\frac{\text{m}}{\text{s}^2}}} = 1{,}79\,\text{s}.$$

2.6.3 Übungsaufgaben

Die Lösungen zu den Übungsaufgaben befinden sich in Anhang 1.

Übungsaufgabe 11: !!

Ein Körper der Masse $m = 2{,}0$ kg gleitet eine schiefe Ebene mit Neigungswinkel 30° herunter ($\mu_{Gleit} = 0{,}35$, $g = 10\,\frac{\text{m}}{\text{s}^2}$).

Welche Kraft und welche Beschleunigung wirkt jeweils auf den Körper?

!! **Übungsaufgabe 12:**

Ein Klötzchen der Masse $m_2 = 150\,\mathrm{g}$ hängt an einer Schnur und ist über diese mit einem Gegenstand der Masse $m_1 = 1{,}7\,\mathrm{kg}$ verbunden, der auf einer glatten Tischplatte reibungsfrei gleiten kann. Es gilt $g = 10\,\frac{\mathrm{m}}{\mathrm{s}^2}$.

a) Welche Beschleunigung erfährt der Wagen?
b) Nun wird auf der anderen Seite der Fahrbahn ein Klötzchen der Masse $m_3 = 250\,\mathrm{g}$ angehängt, das ebenfalls mit dem Wagen über eine Schnur verbunden ist. Wie groß ist nun die Beschleunigung, die der Wagen erfährt?

!! **Übungsaufgabe 13:**

Ein Auto bewegt sich mit $100\,\frac{\mathrm{km}}{\mathrm{h}}$ fort und führt plötzlich eine Vollbremsung ($\mu_{Gleit} = 0{,}40$) aus, $g = 10\,\frac{\mathrm{m}}{\mathrm{s}^2}$.

a) Berechnen Sie den Bremsweg.
b) Wie ändert sich der Bremsweg, wenn sich das Auto mit doppelter Anfangsgeschwindigkeit bewegt hat?
c) Berechnen Sie den Bremsweg mit der Anfangsgeschwindigkeit aus Teilaufgabe a) auf abschüssiger Straße (8° Neigung abwärts).

2.7 Energieerhaltung in der Mechanik

2.7.1 Arbeit, Energie und Leistung

Die *Energiebegriff* ist in der Physik enorm wichtig. Eng verbunden damit sind die Begriffe *Arbeit* und *Leistung*. Für diesen Vorkurs genügt eine knappe Einführung, die wir zunächst auf die Mechanik beschränken. In den Kapiteln 3 und 4 (Elektrizitätslehre bzw. Wärmelehre) werden diese Begriffe dann wieder aufgegriffen und etwas erweitert.

Arbeit:

Ein Körper wird durch eine Kraft $\vec{F}$ (mit $|\vec{F}| = F$) von einem Punkt A zu einem Punkt B über eine Strecke der Länge s verschoben, wie in Abbildung 2.26 a) dargestellt. Man sagt dann: *Die Kraft verrichtet eine Arbeit* an dem Körper. Diese Arbeit ist *proportional* zum Betrag der *Kraft* und zur *Strecke.*

In Abbildung 2.26 a) zeigt der *Kraftvektor* genau in Richtung der Strecke AB, ist also *parallel* zu dieser *Strecke.* In Abbildung 2.26 b) ist dies jedoch nicht der Fall. $\vec{F}$ schließt hier mit der Strecke AB den Winkel α mit $\alpha \neq 0°$ ein. Dies kommt in der Praxis relativ häufig vor, z. B., wenn man einen Schlitten zieht. Meist wird das Seil dann schräg nach oben gezogen. Für die *verrichtete Arbeit* ist dann die *Kraftkomponente* $\vec{F}_s$ *in Wegrichtung* entscheidend.

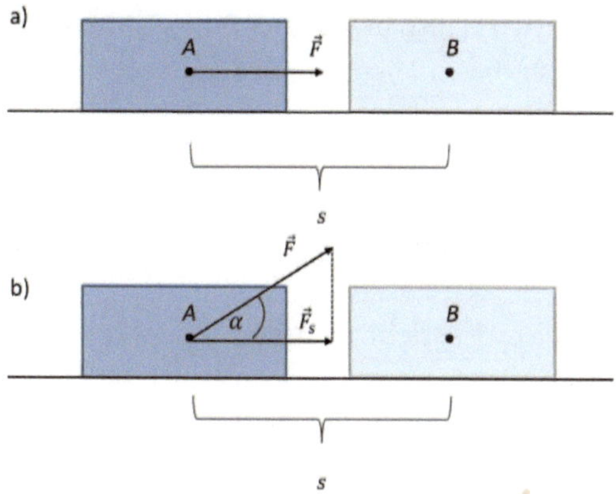

Abbildung 2.26: Zur Definition der Arbeit.

Wir kommen daher zu folgender Definition der *Arbeit*:

$$W = F_s \cdot s = F \cdot \cos(\alpha) \cdot s \quad (\textit{Arbeit})$$

- $F_s = F \cdot \cos(\alpha)$ ist der Betrag der *Kraftkomponente* $\vec{F}_s$ *in Wegrichtung.*
- Die Kraft $\vec{F}$ muss über die verschobene Strecke *konstant* sein, damit die Definition in dieser Form Gültigkeit besitzt.

- Ist $\vec{F}$ parallel zur Verschiebestrecke ($\alpha = 0°$), so gilt $F_s = F \cdot \cos(0°) = F$.
- Einheit der Arbeit: $[W] = 1$ Newtonmeter $= 1\,\text{Nm} = 1$ Joule $= 1\,\text{J}$ (benannt nach dem englischen Physiker J. P. Joule, 1818–1889). In Basiseinheiten ausgedrückt ist $1\text{J} = 1\text{kg}\frac{\text{m}^2}{\text{s}^2}$.
- Arbeit kann in *verschiedener* Form verrichtet werden. In der Mechanik kann das u. a. in Form von *Reibarbeit, Hubarbeit* oder *Beschleunigungsarbeit* geschehen. Wir werden im Folgenden näher darauf eingehen.

Beispiel 18 (zur Arbeit):

Ein Klotz der Masse 1,0 kg wird auf einer Tischplatte über eine Distanz von 1,2 m verschoben ($\mu_{Gleit} = 0{,}40$, $g = 10\,\frac{\text{m}}{\text{s}^2}$). Wir bestimmen die dabei verrichtete Arbeit.

Die aufgewendete Kraft muss in diesem Beispiel genau die *Gleitreibungskraft ausgleichen.* Sie wirkt also in Wegrichtung, d. h. entlang der Tischplatte in Verschieberichtung ($\alpha = 0°$).

Es folgt dann

$$\begin{aligned} W &= F_s \cdot s = F_{Gleit} \cdot s = \mu_{Gleit} \cdot m \cdot g \cdot s \\ &= 0{,}4 \cdot 1{,}0\,\text{kg} \cdot 10\,\frac{\text{m}}{\text{s}^2} \cdot 1{,}2\,\text{m} = 4{,}8\,\text{kg}\,\frac{\text{m}^2}{\text{s}^2} = 4{,}8\,\text{Nm} = 4{,}8\,\text{J}. \end{aligned}$$

Im vorliegenden Beispiel spricht man von verrichteter *Reibarbeit* W_{Reib}.

Hubarbeit, Lageenergie:

Wird ein Körper der Masse m um die Höhe $s = \Delta h$ angehoben, so muss so genannte *Hubarbeit* verrichtet werden. Δh steht hier für die zu überwindende *Höhendifferenz.* Die aufgewendete Kraft entspricht dabei betragsmäßig der *Gewichtskraft* des angehobenen Körpers, sie zeigt lotrecht vom Boden in Hubrichtung.

Wir können also die Hubarbeit wie folgt definieren:

$$W_{Hub} = F_s \cdot s = F_g \cdot \Delta h = m \cdot g \cdot \Delta h \quad (\textit{Hubarbeit}).$$

Wir betrachten nun einen Aufbau wie in Abbildung 2.25. Wird der herunterhängende Körper (m_2) angehoben (und der auf dem Tisch liegende Klotz

(Körper 1, m_1) entsprechend nach links geschoben, bis die Schnur wieder spannt), so wurde am Körper 2 Hubarbeit verrichtet. Diese kann nun dazu verwendet werden, Körper 1 zu beschleunigen (und damit so genannte *Beschleunigungsarbeit* an ihm zu verrichten), nämlich, indem man Körper 2 loslässt und sich somit über Schnurverbindung und Umlenkrolle Körper 1 in Bewegung setzt (vgl. dazu auch Musteraufgabe 4). Man sagt daher:

Der angehobene Körper hat Lageenergie gespeichert.

Diese *Lageenergie* kann *freigesetzt* werden, *wodurch Arbeit verrichtet* werden kann (in unserem Beispiel *Beschleunigungsarbeit*), wenn der Körper losgelassen wird.

Allgemeiner kann man festhalten:

Energie ist die Fähigkeit eines Systems, Arbeit zu verrichten.

Aus diesen Überlegungen wird deutlich, dass *Energie und Arbeit die gleiche Einheit*, nämlich 1J besitzen.

Wir kommen nun nochmals auf die Lageenergie zurück. Aus den vorangehenden Betrachtungen können wir schließen, dass die an einem angehobenen Körper verrichtete *Hubarbeit als Lageenergie gespeichert* wird. Bei der Berechnung der Hubarbeit war die *Höhendifferenz* Δh entscheidend, es kommt also nicht darauf an, bei welcher Höhe man den Hubvorgang startet, sondern lediglich, um welche Höhendifferenz der Körper angehoben wird. Entsprechend ist es für die Lageenergie notwendig, einen *Bezugspunkt O* anzugeben, von der aus diese gemessen wird. Diesem Bezugspunkt kann man dann die Ortskoordinate $h = 0$ zuordnen. Oft wählt man hier den tiefsten Punkt, der bei den angestellten Betrachtungen auftritt. Man bezeichnet diesen Punkt als *Nullniveau*.

Dann kann man die Lageenergie definieren durch

$$E_L = m \cdot g \cdot h \quad (\textit{Lageenergie bzgl. des Nullniveaus } h = 0).$$

- *Einheit* der Lageenergie: $[E_L] = 1\,\text{Nm} = 1\,\text{J}$.
- Die Lageenergie wird manchmal auch als *Höhenenergie* bezeichnet. Ein weiterer häufig auftretender Begriff ist *potenzielle Energie*, der oft

mit der *Lageenergie* gleichgesetzt wird. Wir vermeiden diesen Begriff jedoch an dieser Stelle, weil der Begriff der potenziellen Energie auch allgemeiner gefasst werden kann.

Beispiel 19 (zur Lageenergie):

Die Talstation der Fellhornbahn II liegt 935 m über dem Meeresspiegel. Die Bergstation liegt auf 1785 m.

Wir berechnen die Hubarbeit, welche an einer Person der Masse 75 kg verrichtet werden muss, wenn sie von der Talstation zur Bergstation befördert wird. Außerdem berechnen wir die Lageenergie, welche die Person auf der Bergstation besitzt.

Die Hubarbeit ist

$$W_{Hub} = m \cdot g \cdot \Delta h = 75\,\text{kg} \cdot 10\frac{\text{m}}{\text{s}^2} \cdot (1785 - 935)\text{m}$$
$$= 640000\,\text{J} = 640\,\text{kJ}.$$

Um die Lageenergie zu bestimmen, muss zunächst ein geeignetes Nullniveau festgelegt werden. Es ist hier sinnvoll, die Talstation als Bezugshöhe festzulegen, d.h. dort $h = 0$ zu setzen. Von dort aus liegt die Bergstation dann bei $h = 850$ m. Dann ist

$$E_L = m \cdot g \cdot h = 75\,\text{kg} \cdot 10\frac{\text{m}}{\text{s}^2} \cdot 850\,\text{m}$$
$$= 640000\,\text{J} = 640\text{kJ}.$$

Dies entspricht genau der aufgebrachten Hubarbeit.

Es sei noch angemerkt, dass die Wahl des *Bezugspunkts* der Lageenergie (Nullniveau) *willkürlich* ist. Man hätte hier beispielsweise auch den Meeresspiegel als Nullniveau festlegen können. Dann wäre die Lageenergie bei der Talstation

$$E_L = 75\,\text{kg} \cdot 10\frac{\text{m}}{\text{s}^2} \cdot 935\,\text{m} = 700\text{kJ}$$

und bei der Bergstation

$$E_L = 75\,\text{kg} \cdot 10\frac{\text{m}}{\text{s}^2} \cdot 1785\,\text{m} = 1340\text{kJ},$$

die Differenz der beiden Lageenergien entspricht dann genau der Hubarbeit (640kJ). Es erscheint hier jedoch wenig sinnvoll, den Meeresspiegel als Nullniveau zu wählen, da sich in diesem Beispiel alles zwischen Tal- und Bergstation abspielt.

Beschleunigungsarbeit, kinetische Energie:

Wird ein Körper der Masse *m aus der Ruhe beschleunigt*, so wird an diesem so genannte *Beschleunigungsarbeit* W_{Beschl} verrichtet. Diese können wir *unter der Annahme einer gleichmäßigen Beschleunigung aus der Ruhe* mittels

$$s = \frac{1}{2} a \cdot t^2 \quad \text{(Anfangsort und Anfangsgeschwindigkeit Null)}$$

sowie dem Grundgesetz der Dynamik

$$F_s = m \cdot a \quad \text{(beschleunigende Kraft in Wegrichtung)}$$

wie folgt berechnen:

$$\begin{aligned} W_{Beschl} &= F_s \cdot s = m \cdot a \cdot s = m \cdot a \cdot \left(\frac{1}{2} a \cdot t^2\right) \\ &= m \cdot a \cdot \frac{1}{2} a \cdot \left(\frac{v}{a}\right)^2 = \frac{1}{2} m \cdot v^2. \end{aligned}$$

Die aufgebrachte Beschleunigungsarbeit wird als *Bewegungsenergie*, meist *kinetische Energie* genannt, gespeichert. Es gilt demnach

$$E_{kin} = \frac{1}{2} m \cdot v^2 \quad \textit{(kinetische Energie eines Körpers der Masse m mit Geschwindigkeit v).}$$

- Einheit der kinetischen Energie: $[E_{kin}] = 1\,\text{Nm} = 1\,\text{J}$.
- Man beachte die Abhängigkeit $E_{kin} \propto v^2$, d. h. bei Verdopplung der Geschwindigkeit vervierfacht sich die kinetische Energie eines Körpers.
- Die Formel der kinetischen Energie gilt auch für Körper, die *nicht mit konstanter* Beschleunigung beschleunigt wurden, wir hatten aber, um die Herleitung der Formel einfach zu halten, diese Annahme getroffen.

Beispiel 20 (zur kinetischen Energie):

Ein Auto der Masse 1000 kg bewegt sich mit einer Geschwindigkeit von $100\,\frac{\text{km}}{\text{h}}$ fort. Wir berechnen seine kinetische Energie:

$$E_{kin} = \frac{1}{2} m \cdot v^2 = \frac{1}{2} \cdot 1000\,\text{kg} \cdot \left(\frac{100}{3{,}6}\frac{\text{m}}{\text{s}}\right)^2$$

$$= 386000\,\text{kg}\,\frac{\text{m}^2}{\text{s}^2} = 386000\,\text{J} = 386\,\text{kJ}.$$

Falls sich das Auto mit $200\,\frac{\text{km}}{\text{h}}$ fortbewegt, vervierfacht sich dieser Wert, wie man leicht nachrechnet.

Spannarbeit, Spannenergie:

Um eine Feder zu dehnen oder zu stauchen, muss eine Kraft aufgewendet werden (vgl. dazu Abschnitt 2.3.4 mit Abb. 2.9). Diese Kraft wirkt entlang einer bestimmten Strecke s. Daher wird auch bei der *Verformung einer Feder Arbeit* verrichtet, welche man als *Spannarbeit* W_{sp} bezeichnet.

Die Spannarbeit wird dann in Form von *Spannenergie* E_{sp} gespeichert. Wird die Feder losgelassen, kann diese Spannenergie freigesetzt werden.

Die Spannarbeit kann aus dem *Hookeschen Gesetz*

$$F_{Feder} = k \cdot s \quad \text{(vgl. Abschnitt 2.3.4)}$$

bestimmt werden. Da die Federkraft bei der Verformung nicht konstant ist, sie ist ja von der Verformungsstrecke s abhängig, muss die Definition der Arbeit, welche nur für konstante Kräfte Gültigkeit hat, verfeinert werden. Wir gehen an dieser Stelle nicht weiter darauf ein und geben hier nur das Ergebnis an, aus welchem dann die Definition für die *Spannenergie* folgt.

Für die *Spannenergie* einer Feder mit Federkonstante k gilt bei einer Dehnung bzw. Stauchung s aus der *Ruhelage* (Gleichgewichtslage) der Feder:

$$E_{sp} = \frac{1}{2} k \cdot s^2 \quad (\textit{Spannenergie}).$$

- Einheit der Spannenergie: $[E_{sp}] = 1\,\text{Nm} = 1\,\text{J}$.

Beispiel 21 (zur Spannenergie):

Wir betrachten einen Aufbau wie in Abbildung 2.27.

Ein Körper ist an einer Feder befestigt und liegt auf einer Unterlage so auf, dass er nur in s-Richtung ausgelenkt werden kann.

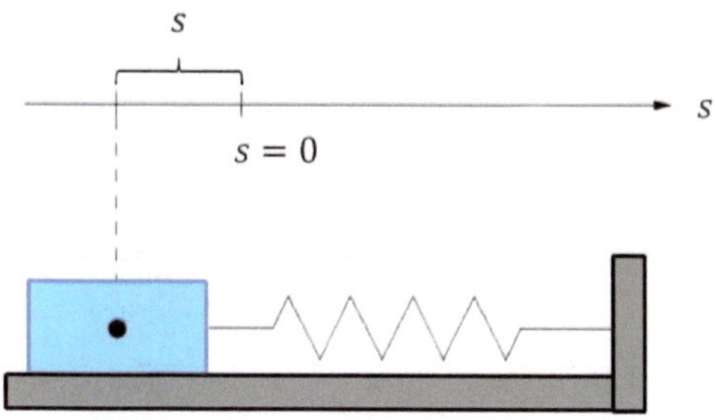

Abbildung 2.27: Zur Spannenergie.

In der Position $s = 0$ ist die Feder entspannt (dort befindet sich die Ruhelage). Wir berechnen nun die Spannenergie für die Auslenkungen $s = 2{,}0\,\text{cm}$ und $s = 4{,}0\,\text{cm}$, falls die Federkonstante $k = 1{,}0\,\frac{\text{kN}}{\text{m}}$ beträgt. Es gilt dann

$$E_{sp} = \frac{1}{2}k \cdot s^2 = \frac{1}{2} \cdot 1000\,\frac{\text{N}}{\text{m}} \cdot (0{,}020\,\text{m})^2 = 0{,}2\,\text{Nm} = 0{,}20\,\text{J} \quad \text{bzw.}$$

$$E_{sp} = \frac{1}{2}k \cdot s^2 = \frac{1}{2} \cdot 1000\,\frac{\text{N}}{\text{m}} \cdot (0{,}040\,\text{m})^2 = 0{,}8\,\text{Nm} = 0{,}80\,\text{J}.$$

Man beachte dabei auch, dass $E_{sp} \propto s^2$, d. h. bei doppelter Auslenkung aus der Ruhelage ($s = 4{,}0\,\text{cm}$ statt $s = 2{,}0\,\text{cm}$) ist die vierfache Spannenergie gespeichert.

Zusammenfassung: Mechanische Energieformen

Wir haben nun also die *drei mechanischen Energieformen*

- *Lageenergie*
- *kinetische Energie* und
- *Spannenergie*

kennen gelernt.

Leistung:

Unter der *Leistung* versteht man in der Physik (ähnlich, aber nicht exakt wie im richtigen Leben) die *Arbeit, welche in einer bestimmten Zeit verrichtet wird.* Wird mehr Arbeit in der gleichen Zeit verrichtet, so ist die Leistung entsprechend höher.

Kurz gesagt: Leistung gleich Arbeit durch Zeit.

Demnach können wir die (durchschnittliche) Leistung P wie folgt definieren:

$$P = \frac{W}{\Delta t} \quad (\textit{durchschnittliche Leistung}).$$

- Dabei ist Δt das betrachtete Zeitintervall. Statt W wird hier auch oft ΔW geschrieben.
- *Einheit* der Leistung: $[P] = 1\,\frac{\mathrm{J}}{\mathrm{s}} = 1\,\mathrm{Watt} = 1\mathrm{W}$
(nach dem schottischen Erfinder James Watt, 1736 – 1819).
- Die obenstehende Definition ist die *durchschnittliche Leistung* im Zeitintervall Δt.
Die *Momentanleistung* zum Zeitpunkt t ist definiert als

$$P(t) = \lim_{\Delta t \to 0} \frac{\Delta W}{\Delta t} = \dot{W}(t),$$

also als die zeitliche Ableitung der Arbeit.
Ist dieser Wert zeitlich konstant, so entspricht er auch der durchschnittlichen Leistung im betrachteten Zeitraum.
- Wir formen den Ausdruck der *Momentanleistung* um:

$$P(t) = \lim_{\Delta t \to 0} \frac{\Delta W}{\Delta t} = \lim_{\Delta t \to 0} \frac{F_s \cdot \Delta s}{\Delta t} = F_s \cdot v(t)$$

(wegen $\lim_{\Delta t \to 0} \frac{\Delta s}{\Delta t} = \dot{s}(t) = v(t)$), d. h.

$$P(t) = F_s \cdot v(t) \quad (\textit{Momentanleistung}).$$

Bei einer im betrachteten Zeitraum konstanten Leistung entspricht dies wiederum der durchschnittlichen Leistung.
Zur Momentanleistung siehe auch Übungsaufgabe 15.

Beispiel 22:

Ein Kran hebt eine Last der Masse 2500 kg in einer Zeit von 8,5 s um 10 m nach oben ($g = 10\,\frac{\text{m}}{\text{s}^2}$). Wir berechnen die (durchschnittliche) Leistung in diesem Zeitraum.

Die verrichtete Arbeit ist in diesem Fall *Hubarbeit.*

Es gilt dann

$$P = \frac{W_{Hub}}{\Delta t} = \frac{m \cdot g \cdot \Delta h}{\Delta t} = \frac{2500\,\text{kg} \cdot 10\,\frac{\text{m}}{\text{s}^2} \cdot 10\,\text{m}}{8{,}5\,\text{s}}$$
$$= 29000\,\text{kg}\,\frac{\text{m}^2}{\text{s}^3} = 29000\,\text{W} = 29\,\text{kW}.$$

2.7.2 Energieerhaltung

Energieerhaltungssatz (allgemein):

In Abschnitt 2.7.1 haben wir gesehen, dass *Energie* in der *Mechanik in verschiedenen Formen* vorkommen kann. Diese können ineinander *umgewandelt* werden. Beispielsweise kann ein Körper Lageenergie besitzen, und diese kann in kinetische Energie umgewandelt werden: Das ist der Fall, wenn ein angehobener Körper fallen gelassen wird. Beim Fallen sinkt seine Lageenergie, aber im gleichen Maß erhöht sich – aufgrund der Zunahme der Geschwindigkeit beim freien Fall – seine kinetische Energie. Man stellt fest:

> Energieerhaltungssatz (allgemein):
> In einem *abgeschlossenen System* ist die *Gesamtenergie konstant* (es geht also keine Energie verloren, und es wird auch keine Energie erzeugt). Die verschiedenen *Energieformen* können jedoch *ineinander umgewandelt* werden.

- Die obige Formulierung ist recht allgemein und gilt über die Mechanik hinaus, d. h. es können hier weitere Energieformen wie Wärme oder elektrische Energie involviert sein (vgl. dazu Kap. 3 und 4).

- In dieser allgemeinen Form ist der Energieerhaltungssatz ein *Axiom* (ähnlich wie die Newtonschen Axiome), das mit allen Erfahrungen und Experimenten in Einklang ist.
- Unter einem *System* verstehen wir dabei einen durch physikalische oder gedachte Begrenzungen definierten Raumbereich, in welchem sich Materie (und Energie) befinden können. Alles, was *nicht* das System ist, bezeichnen wir als *Umgebung*.
- In einem *abgeschlossenen System* gibt es *keinen Austausch von Energie und Materie mit der Umgebung*.

Energieerhaltungssatz in der Mechanik:

In der *Mechanik* gilt für *abgeschlossene Systeme*:

Energieerhaltungssatz in der Mechanik:

$$E_L + E_{kin} + E_{sp} = E_{ges} = \text{const.}$$

- E_{ges} ist dabei die *Gesamtenergie*, wobei hier nur die *mechanischen Energieformen* betrachtet werden.
- Der *Energieerhaltungssatz in der Mechanik* gilt für *reibungsfreie Systeme*.
- Liegt *Reibung* vor, so entsteht durch Reibarbeit *Reibwärme*, welche ebenfalls eine Energieform darstellt, und wir können die obige Formel *nicht* anwenden.
- Den Energieerhaltungssatz in der Mechanik kann man – im Gegensatz zum allgemeinen Energieerhaltungssatz – aus den Newtonschen Axiomen ableiten (insbesondere aus dem Grundgesetz der Dynamik).

Energiebilanzen:

Mit Hilfe des Energieerhaltungssatzes können manche Probleme in der Mechanik relativ einfach und elegant gelöst werden (vgl. dazu u. a. auch Musteraufgabe 5 sowie Übungsaufgabe 16).

Die *typische Vorgehensweise* dabei ist:

[1] *Abgrenzung* des Systems (was gehört dazu und was nicht?). Häufig ist das durch die Aufgabenstellung aber bereits gegeben.
[2] Nullniveau für die Lageenergie festlegen.

[3] Für jeden Schritt (A), (B), … die *einzelnen Energiebeiträge* notieren und die *Gesamtenergie* (also deren Summe) $E_{ges}^{(A)}$, $E_{ges}^{(B)}, \ldots$ notieren.
[4] Wegen des Energieerhaltungssatzes in der Mechanik gilt dann die Energiebilanz:
[5] $E_{ges}^{(A)} = E_{ges}^{(B)} = \ldots.$
[6] Daraus kann die *gesuchte Größe ermittelt* werden.

Zur Verdeutlichung betrachten wir nun Musteraufgabe 5.

2.7.3 Musteraufgabe

Musteraufgabe 5:

Eine Kugel der Masse $m = 1{,}0\,\text{kg}$, die wir als Massenpunkt betrachten, rollt reibungsfrei auf der in Abbildung 2.28 eingezeichneten Bahn vom Punkt A zum Punkt C. Zu Beginn wird sie angestoßen, so dass sie eine Anfangsgeschwindigkeit von $2{,}0\,\frac{\text{m}}{\text{s}}$ besitzt.

a) Welche Geschwindigkeit besitzt die Kugel jeweils in den Punkten B und C?
b) Welche kinetische Energie und welche Lageenergie besitzt die Kugel im Punkt C?

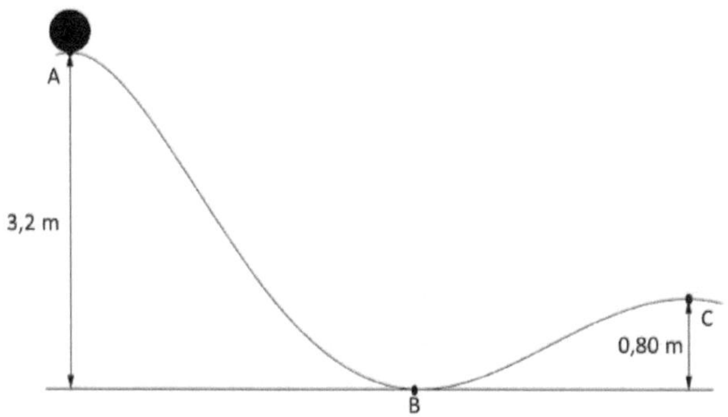

Abbildung 2.28: Zur Musteraufgabe 5.

Lösung:

Gegeben: Masse, Geschwindigkeit im Punkt A, Höhen der Punkte A, B, C.

a) Gesucht: Geschwindigkeiten in den Punkten B und C.
Für die Lösung ziehen wie die im vorangehenden Abschnitt angegebene Vorgehensweise in vier Schritten heran.
[1] *Abgrenzung des Systems*: Hier (und in vielen anderen Aufgaben) klar. Zum System gehört die Kugel und der in Abbildung 2.28 dargestellte Raumbereich.
[2] Das *Nullniveau* legen wir hier sinnvoller Weise auf *Höhe des Punktes B* fest.
[3] Zwischen den Punkten A, B und C finden jeweils Energieumwandlungen zwischen Lage- und kinetischer Energie statt. Da in der Aufgabe keine Spannenergie auftritt, kann diese gleich weggelassen werden.

$$A: E_L^{(A)} + E_{kin}^{(A)} = E_{ges}^{(A)} \text{ bzw. } m \cdot g \cdot h_A + \frac{1}{2} m \cdot v_A^2 = E_{ges}^{(A)},$$

$$B: E_L^{(B)} + E_{kin}^{(B)} = E_{ges}^{(B)} \text{ bzw. } m \cdot g \cdot h_B + \frac{1}{2} m \cdot v_B^2 = E_{ges}^{(B)},$$

$$C: E_L^{(C)} + E_{kin}^{(C)} = E_{ges}^{(C)} \text{ bzw. } m \cdot g \cdot h_C + \frac{1}{2} m \cdot v_C^2 = E_{ges}^{(C)}.$$

[4] Aus $E_{ges}^{(A)} = E_{ges}^{(B)}$ kann die Geschwindigkeit im Punkt B berechnet werden. Denn aus

$$m \cdot g \cdot h_A + \frac{1}{2} m \cdot v_A^2 = m \cdot g \cdot h_B + \frac{1}{2} m \cdot v_B^2$$

folgt:

$$v_B = \sqrt{2g \cdot (h_A - h_B) + v_A^2}.$$

Dabei haben wir den Term $m \cdot g \cdot h_B$ auf die andere Seite gebracht, die Gleichung mit 2 multipliziert und durch m dividiert.
Nun können die Zahlenwerte eingesetzt werden, und es ergibt sich

$$v_B = \sqrt{2 \cdot 10 \,\frac{\mathrm{m}}{\mathrm{s}^2} \cdot (3{,}2\,\mathrm{m} - 0\,\mathrm{m}) + \left(2{,}0\,\frac{\mathrm{m}}{\mathrm{s}}\right)^2} = 8{,}2\,\frac{\mathrm{m}}{\mathrm{s}}.$$

Entsprechend folgt für die Geschwindigkeit im Punkt C aus

$$E_{ges}^{(A)} = E_{ges}^{(C)}$$

die Formel

$$\begin{aligned} v_C &= \sqrt{2g \cdot (h_A - h_C) + v_A^2} \\ &= \sqrt{2 \cdot 10\,\frac{\mathrm{m}}{\mathrm{s}^2} \cdot (3{,}2\,\mathrm{m} - 0{,}80\,\mathrm{m}) + \left(2{,}0\,\frac{\mathrm{m}}{\mathrm{s}}\right)^2} = 7{,}2\,\frac{\mathrm{m}}{\mathrm{s}}. \end{aligned}$$

b) Gesucht: Lage- und kinetische Energie im Punkt C.
Mit

$$E_L^{(C)} = m \cdot g \cdot h_C bzw. E_{kin}^{(C)} = \frac{1}{2} m \cdot v_C^2$$

folgt

$$E_L^{(C)} = 1\,\mathrm{kg} \cdot 10\,\frac{\mathrm{m}}{\mathrm{s}^2} \cdot 0{,}80\,\mathrm{m} = 8{,}0\,\mathrm{kg}\,\frac{\mathrm{m}^2}{\mathrm{s}^2} = 8{,}0\,\mathrm{J}$$

sowie

$$\begin{aligned} E_{kin}^{(C)} &= \frac{1}{2} \cdot 1\,\mathrm{kg} \cdot \left(2 \cdot 10\,\frac{\mathrm{m}}{\mathrm{s}^2} \cdot (3{,}2\,\mathrm{m} - 0{,}80\,\mathrm{m}) + \left(2{,}0\,\frac{\mathrm{m}}{\mathrm{s}}\right)^2\right) \\ &= 26\,\mathrm{J}. \end{aligned}$$

Bemerkung:

Man muss das Schema mit den Schritten [1] bis [4] nicht zwingend jedes Mal in dieser Ausführlichkeit durchziehen. Für den Anfang erleichtert es aber vielleicht Manches, wenn man sich daran hält.

2.7.4 Übungsaufgaben

Lösungen zu den Übungsaufgaben befinden sich in Anhang 1.

Rechnen Sie bei allen Übungsaufgaben dieses Abschnitts mit $g = 10\,\frac{\mathrm{m}}{\mathrm{s}^2}$.

Übungsaufgabe 14: !

a) Drücken Sie die Einheit 1 W durch die Basiseinheiten 1 kg, 1 m und 1 s aus.

b) Wir betrachten Abbildung 2.26 b). Der abgebildete Körper sei ein Schlitten, der unter einem Winkel von $\alpha = 35°$ mit der Kraft $F = 100\,\text{N}$ angezogen werde. Die zurückgelegte Strecke beträgt 100 m. Berechnen Sie die verrichtete Arbeit.

!! **Übungsaufgabe 15:**

Ein Auto der Masse 1150 kg wird aus der Ruhe konstant auf eine Geschwindigkeit von $20\,\frac{\text{m}}{\text{s}}$ beschleunigt. Für diesen Vorgang wird eine Zeit von 4,5 s benötigt.

a) Welche kinetische Energie besitzt das Auto dann?
b) Wie hoch müsste man das Auto anheben, damit es die gleiche Lageenergie besitzt?
c) Berechnen Sie die durchschnittliche Leistung während des Beschleunigungsvorgangs.
d) Berechnen Sie für jeden Zeitpunkt der Beschleunigungsphase die erforderliche Leistung (als Funktion der Zeit t).

!! **Übungsaufgabe 16:**

Ein Klotz der Masse 1,0 kg liegt, ähnlich wie in Abbildung 2.27, auf einem Tisch und ist mit einer Feder der Federkonstanten $0{,}62\,\frac{\text{kN}}{\text{m}}$ lose verbunden. Diese wird nun um 3,0 cm zusammengedrückt und dann losgelassen. Aufgrund der losen Verbindung mit der Feder kann der Klotz nach dem Beschleunigungsvorgang durch die Feder weitergleiten, wobei wir die Reibung vernachlässigen.

a) Welche Geschwindigkeit besitzt der Klotz bei einer Auslenkung von 1,0 cm (also während des Beschleunigens, wenn die Feder noch um 1,0 cm zusammengedrückt ist)?
b) Welche Geschwindigkeit besitzt der Klotz nach dem Beschleunigen?
c) Am Ende des Tischs schießt der Klotz über die Tischkante hinweg, welche sich 1,1 m über dem Boden befindet.
   Welche Geschwindigkeit hat der Wagen dann, wenn er am Boden auftrifft?
   Unter welchem Winkel trifft er dort auf?

Übungsaufgabe 17:

!!

Ein Pendel besteht aus einer Kugel, welche an einer 0,60 m langen Schnur an der Decke befestigt ist. Dieses Pendel wird nun um einen Winkel von 30° ausgelenkt und losgelassen, so dass es Schwingungen ausführt.

Welche Geschwindigkeit kann es dabei maximal erreichen?

Hinweis: Fertigen Sie zunächst eine Skizze an.

2.8 Impulserhaltungssatz

2.8.1 Grundlagen

Stöße zweier Kugeln:

Wir betrachten den Stoß zwischen zwei Kugeln gleicher Masse ($m_1 = m_2$). Dabei bewegt sich wie in Abbildung 2.29 (links) die eine Kugel auf die andere Kugel, welche in Ruhe ist, zu. Nach dem Stoß (rechtes Bild) wird man feststellen, dass die erste Kugel zu Stillstand gekommen ist und die zweite Kugel ins Rollen gebracht hat.

Abbildung 2.29: Stoß zweier Kugeln gleicher Masse.

Im Fall vernachlässigbarer Reibung und idealen Stoßverhaltens wurde dann die gesamte kinetische Energie der ersten Kugel auf die zweite übertragen.

Warum verläuft aber der Stoß genau in dieser Form? Laut Energieerhaltungssatz wäre es beispielsweise auch möglich, dass die erste Kugel die Hälfte ihrer kinetischen Energie auf die andere überträgt und die andere Hälfte behält (oder jede beliebige andere Aufteilung der kinetischen Energie).

Es muss also neben dem Energieerhaltungssatz ein weiteres grundlegendes Prinzip geben, welches eine eindeutige Beschreibung solcher Stoßvorgänge ermöglicht. Dieses Prinzip wird durch den so genannten *Impulserhaltungssatz* beschrieben.

Impuls:

Der Impuls eines Körpers der Masse m, der sich mit der Geschwindigkeit $\vec{v}$ fortbewegt, ist durch

$$\vec{p} = m \cdot \vec{v} \quad (Impuls)$$

gegeben.

- Der Impuls ist eine *vektorielle Größe* und zeigt *in Richtung des Geschwindigkeitsvektors.*
- *Einheit* des Impulses: $[\vec{p}] = 1\mathrm{kg}\frac{\mathrm{m}}{\mathrm{s}} = 1\mathrm{Ns}$.
- Wir betrachten im Zusammenhang mit dem Impuls im Folgenden nur Problemstellungen, die sich in einer Raumdimension beschreiben lassen. Wir können dann die Vektorpfeile weglassen.

Für einen Körper mit *zeitlich konstanter Masse* gilt: *Leiten* wir den *Impuls* des Körpers *nach der Zeit ab*, betrachten wir also die *zeitliche Änderung des Impulses*, so erhalten wir

$$\dot{\vec{p}} = m \cdot \dot{\vec{v}}.$$

Mit $\dot{\vec{v}} = \vec{a}$ (Beschleunigung) erhalten wir dann

$$\dot{\vec{p}} = m \cdot \vec{a}.$$

Da die *rechte Seite* dieser Gleichung dem *Grundgesetz der Dynamik* (zweites Newtonsches Axiom) entspricht, finden wir somit

$$\vec{F} = \dot{\vec{p}} \quad (beschleunigende\ Kraft = Impulsänderung).$$

- Die einen Körper *beschleunigende Kraft* bewirkt also eine (zeitliche) *Änderung des Impulses.*
- Wirkt auf einen Körper *keine Kraft*, so gilt $\dot{\vec{p}} = \vec{0}$ und der Impuls ändert sich nicht mit der Zeit. D. h. der Impuls ist dann konstant. Diese Aussage entspricht dem *Trägheitsprinzip* (erstes Newtonsches Axiom, Abschnitt 2.2.1).

Beispiel 23:

Ein Auto der Masse $m = 1000\,\text{kg}$ hat bei einer Geschwindigkeit von$m = 120\,\frac{\text{km}}{\text{h}}$ einen Impuls von

$$p = m \cdot v = 1000\,\text{kg} \cdot \frac{120}{3{,}6}\frac{\text{m}}{\text{s}}$$
$$= 33000\,\text{kg}\frac{\text{m}}{\text{s}} = 33000\,\text{Ns} = 33\,\text{kNs}.$$

Impulserhaltungssatz:

Stoßen zwei Körper der Masse m_1 bzw. m_2 aneinander, ähnlich wie in Abbildung 2.29 bzw. 2.30, so ist die *Summe der Impulse der beiden Körper vor und nach dem Stoß konstant.* Es gilt also *Impulserhaltung.*

In Formeln:

Impulserhaltungssatz:

$$\vec{p}_1^{(vor)} + \vec{p}_2^{(vor)} = \vec{p}_1^{(nach)} + \vec{p}_2^{(nach)} = \text{const.}$$

- Der *Impulserhaltungssatz* kann aus dem *Grundgesetz der Dynamik* (zweites Newtonsches Axiom) und aus dem *Reaktionsprinzip* (drittes Newtonsches Axiom, siehe Abschnitt 2.2.1) hergeleitet werden [1].
- Die Indizes „vor" bzw. „nach" in der obigen Formel stehen jeweils für die Impulse vor bzw. nach dem Stoß.
- Ähnlich wie beim Energieerhaltungssatz kann der *Impulserhaltungssatz* zum *Lösen einiger mechanischer Aufgaben* herangezogen werden, indem man die *Impulsbilanz* vorher/nachher aufstellt (vgl. dazu Musteraufgabe 6 und Übungsaufgaben 18 und 19).
- Wir werden hier nur *eindimensionale* Stöße betrachten (Vektorpfeile dann weglassen).

Vollkommen elastische und vollkommen inelastische Stöße:

Stoßvorgänge können auf verschiedene Arten ablaufen. Wir betrachten hier die beiden *wichtigen Grenzfälle* des *vollkommen elastischen* bzw. des *voll-*

kommen inelastischen Stoßes. In der Praxis bleiben nach einem Stoß in der Regel an den stoßenden Körpern (kleinere oder größere) *bleibende Verformungen* zurück. Das bedeutet, dass ein Teil der kinetischen Energie, die vor dem Stoß vorhanden war, nach dem Stoß nicht mehr als mechanische Energie zur Verfügung steht, da sie in Form von *Verformungsenergie* und *Reibwärme* „verloren" wurde.

- Bei einem *vollkommen elastischen Stoß* (z. B. beim Stoß zweier idealer Gummibälle) bleibt bei den Stoßpartnern nach dem Stoß *keine Verformung* zurück, und es gilt daher neben dem *Impulserhaltungssatz* der *Energieerhaltungssatz der Mechanik.*
- Bei einem vollkommen inelastischen Stoß bleiben nach dem Stoß Verformungen zurück, und beide Stoßpartner sind nach dem Stoß vereint, so dass sie sich gemeinsam weiterbewegen (also mit gleicher Geschwindigkeit). Es gilt nur der Impulserhaltungssatz (nicht der Energieerhaltungssatz der Mechanik)!

Bezeichnungen:

Wir wollen bei den folgenden Aufgaben jeweils die Geschwindigkeiten vor dem Stoß mit $\vec{v}_1$ und $\vec{v}_2$ (bzw. v_1 und v_2) bezeichnen, die Geschwindigkeiten nach dem Stoß bezeichnen wir mit $\vec{u}_1$ und $\vec{u}_2$ (bzw. u_1 und u_2), vgl. dazu Abbildung 2.30.

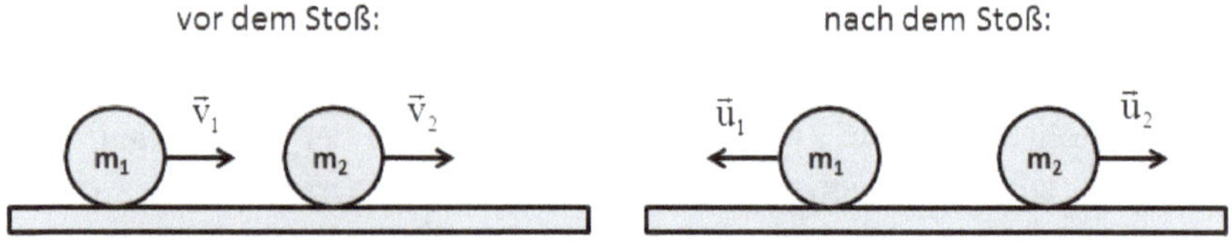

Abbildung 2.30: Bezeichnungen beim Stoß zweier Körper.

2.8.2 Musteraufgabe

Musteraufgabe 6:

Ein Projektil der Masse $m_1 = 0{,}30\,\mathrm{g}$ wird mit der Geschwindigkeit $v_1 = 200\,\frac{\mathrm{m}}{\mathrm{s}}$ in einen Klotz der Masse $m_2 = 1{,}1\,\mathrm{kg}$ geschossen. Dieser Klotz kann auf einem Tisch ohne Reibung gleiten.

Mit welcher Geschwindigkeit bewegen sich beide Körper nach dem Einschuss fort?

Lösung:

Gegeben: $v_1 = 200\,\frac{\mathrm{m}}{\mathrm{s}}$, $v_2 = 0$, $m_1 = 0{,}30\,\mathrm{g}$, $m_2 = 1{,}1\,\mathrm{kg}$

Es handelt sich um einen *vollkommen inelastischen Stoß*.

Gesucht: $u_1 = u_2$ (beim *vollkommen inelastischen Stoß sind beide Geschwindigkeiten nach dem Stoß gleich*).

Wir stellen die Impulsbilanz auf. Sie lautet

$$p_1^{(vor)} + p_2^{(vor)} = p_1^{(nach)} + p_2^{(nach)}.$$

Dann können wir schreiben

$$m_1 \cdot v_1 + m_2 \cdot v_2 = m_1 \cdot u_1 + m_2 \cdot u_2,$$

wobei $u_1 = u_2$ (vollkommen inelastischer Stoß).

Daher gilt

$$m_1 \cdot v_1 + m_2 \cdot v_2 = (m_1 + m_2) \cdot u_1.$$

Für die gemeinsame Geschwindigkeit nach dem Stoß (hier: Einschuss) folgt also

$$u_1 = \frac{m_1 \cdot v_1 + m_2 \cdot v_2}{m_1 + m_2}$$
$$= \frac{0{,}3 \cdot 10^{-3}\,\mathrm{kg} \cdot 200\,\frac{\mathrm{m}}{\mathrm{s}} + 0}{0{,}3 \cdot 10^{-3}\,\mathrm{kg} + 1{,}1\mathrm{kg}} = 0{,}055\,\frac{\mathrm{m}}{\mathrm{s}}.$$

Bemerkung:

Man sieht, dass in diesem Fall die Masse $m_1 = 0{,}30\,\mathrm{g}$ im Nenner vernachlässigt werden könnte (nicht aber im Zähler!).

2.8.3 Übungsaufgaben

!!! **Übungsaufgabe 18:**

Eine Kugel der Masse m_1 stößt vollkommen elastisch mit einer Geschwindigkeit von $v_1 = 1{,}0\,\frac{\mathrm{m}}{\mathrm{s}}$ gegen eine ruhende Kugel der dreifachen Masse (ähnlich wie z. B. in Abbildung 2.29 dargestellt).

Berechnen Sie die Geschwindigkeiten der beiden Kugeln nach dem Stoß.

!! **Übungsaufgabe 19:**

Bei einem Crashtest rast vollkommen unelastisch ein Auto 1 der Masse $m_1 = 1500\,\mathrm{kg}$ mit einer Geschwindigkeit von $90\,\frac{\mathrm{km}}{\mathrm{h}}$ in ein Auto 2 der Masse $m_2 = 1000\,\mathrm{kg}$.

a) Berechnen Sie die Geschwindigkeiten der Autos nach dem Stoß.
b) Berechnen Sie die „verloren gegangene“ kinetische Energie (diese wird in Reibwärme und Verformungsenergie umgewandelt).
c) Beide Autos ändern bei dem Stoß ihre Geschwindigkeiten. Vergleichen Sie diese Geschwindigkeitsänderungen. Was würde das jeweils für eine Person bedeuten, die sich im ersten bzw. im zweiten Auto befindet?
d) Stellen Sie nun die gleichen Berechnungen und Betrachtungen aus a) und c) für den Fall an, dass Auto 2 mit $90\,\frac{\mathrm{km}}{\mathrm{h}}$ auf das ruhende Auto 1 rast.

2.9 Gleichförmige Kreisbewegungen

2.9.1 Grundbegriffe

Kreisbewegung, Winkelgeschwindigkeit:

Wir betrachten die *Bewegung* eines Punktes A auf einer *Kreisbahn* mit Mittelpunkt M und Radius r (vgl. Abbildung 2.31).

Dabei ist die *Winkelgeschwindigkeit* ω eine charakteristische Größe. Die *durchschnittliche Winkelgeschwindigkeit* $\bar{\omega}$ gibt an, welcher Winkelbereich $\Delta\phi$ in einem betrachteten Zeitintervall Δt überstrichen wird, d. h.

$$\bar{\omega} = \frac{\Delta\phi}{\Delta t} \quad (\textit{durchschnittliche Winkelgeschwindigkeit}).$$

- Winkel werden in diesem Fall im *Bogenmaß* (Einheit: 1 Radiant, Abkürzung 1rad) angegeben, d. h. $2\pi\,\text{rad} = 360°$. Die Einheit 1rad wird auch oft weggelassen. Vgl. dazu auch Abschnitt 1.7.1.
- Einheit der Winkelgeschwindigkeit: $[\omega] = 1\,\frac{\text{rad}}{\text{s}}$, kurz: $[\omega] = 1\,\frac{1}{\text{s}}$.
- Abbildung 2.31 stellt eine Kreisbewegung mit Winkelgeschwindigkeit ω im Gegenuhrzeigersinn dar.

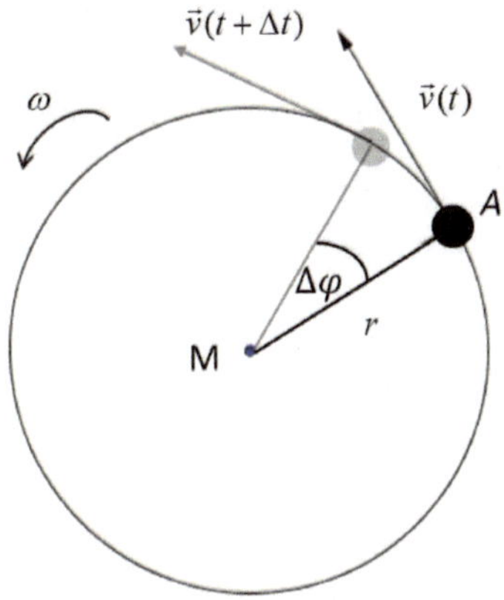

Abbildung 2.31: Zur gleichförmigen Kreisbewegung.

Wir wollen im Folgenden *gleichförmige Kreisbewegungen* betrachten. Bei diesen liegt eine *zeitlich konstante Winkelgeschwindigkeit* vor, also

$$\omega = \bar{\omega} = \text{const.} \quad (\textit{Winkelgeschwindigkeit gleichförmiger Kreisbewegung}).$$

Bahngeschwindigkeit:

Ein Punkt A, der eine Kreisbewegung ausführt, besitzt eine Geschwindigkeit $\vec{v} = \vec{v}(t)$, *Bahngeschwindigkeit* genannt, welche *ständig ihre Richtung ändert.*

- Der Vektor der Bahngeschwindigkeit ist stets *tangential* zur Kreisbahn gerichtet mit Pfeilrichtung in Richtung des *Drehsinns* der Kreisbewegung.
- Dies ist in Abbildung 2.31 zu den Zeitpunkten t bzw. $t + \Delta t$ angedeutet. Der Punkt A hat sich im Zeitintervall Δt auf der Kreisbahn weiterbewegt, und der Vektor der Bahngeschwindigkeit $\vec{v}(t + \Delta t)$ zeigt nun in eine andere Richtung als $\vec{v}(t)$.

Auch bei einer *gleichförmigen Kreisbewegung* ändert sich die Richtung von $\vec{v}$ ständig, für den Betrag gilt jedoch

$$|\vec{v}| = v = \text{const.},$$

d. h. *der Betrag der Bahngeschwindigkeit* ist bei einer *gleichförmigen Kreisbewegung zeitlich konstant.*

Im Zeitintervall Δt wird der Winkel $\Delta\phi$ überstrichen und damit der Kreisbogen $\Delta s = r \cdot \Delta\phi$ abgefahren. *Der konstante Betrag der Bahngeschwindigkeit* ist daher bei der *gleichförmigen Kreisbewegung*

$$v = \frac{\Delta s}{\Delta t} = \frac{r \cdot \Delta\phi}{\Delta t} = r \cdot \omega,$$

kurz:

$$v = r \cdot \omega \ (\textit{Betrag der Bahngeschw. bei gelichförmiger Kreisbewegung}).$$

Umlaufdauer, Frequenz:

Die Zeitspanne, welche der Punkt A benötigt, bis er wieder an seinem Ausgangspunkt ist, d. h. bis er einen vollen Kreisumfang $2\pi \cdot r$ abgefahren hat, bezeichnet man als Umlaufdauer (auch: Periodendauer) T.

Es gilt

$$v = \frac{2\pi \cdot r}{T}.$$

Wegen $v = r \cdot \omega$ folgt damit auch

$$\omega = \frac{2\pi}{T} \quad \textit{(Zusammenhang zwischen Winkelgeschwindigkeit und Umlaufdauer gleichförmiger Kreisbewegung)}$$

In der Praxis taucht auch häufig der Begriff der *Frequenz* f auf. Man definiert

$$f = \frac{1}{T} \quad (\textit{Frequenz}).$$

- Einheit der Frequenz: $[f] = 1\,\frac{1}{\mathrm{s}} = 1\,\mathrm{Hertz} = 1\mathrm{Hz}$ (nach dem deutschen Physiker Heinrich Hertz, 1857 – 1894).
- Die Frequenz bedeutet anschaulich, wie *viele Umläufe pro Sekunde* stattfinden.
- Bezeichnung: Die *Winkelgeschwindigkeit* ω wird oft auch als *Kreisfrequenz* bezeichnet.

Beispiel 24:

Bei einer *gleichförmigen* Kreisbewegung überstreicht ein Punkt in 2,00 s einen *Halbkreis* mit Radius $r = 0{,}200\,\mathrm{m}$.

Wir berechnen die Winkelgeschwindigkeit, den Betrag der Bahngeschwindigkeit, die Periodendauer und die Frequenz.

Ein Halbkreis entspricht dem Winkel π im Bogemaß, also $\pi\,\mathrm{rad}$

Es gilt

$$\omega = \frac{\Delta\phi}{\Delta t} = \frac{\pi\,\mathrm{rad}}{2{,}0\,\mathrm{s}} = 1{,}57\,\frac{\mathrm{rad}}{\mathrm{s}}.$$

Wie oben geschrieben, wird die Einheit rad oft weggelassen, was zwar formal nicht ganz korrekt ist, aber Schreibarbeit erspart. Wir werden im Folgenden rad ebenfalls weglassen und schreiben

$$\omega = 1{,}57\,\frac{1}{\mathrm{s}}\,.$$

Es folgt dann

$$v = \omega \cdot r = \frac{\Delta\phi}{\Delta t} \cdot r = \frac{\pi}{2{,}00\,\mathrm{s}} \cdot 0{,}200\,\mathrm{m} = 0{,}314\,\frac{\mathrm{m}}{\mathrm{s}}\,,$$

$$T = \frac{2\pi}{\omega} = \frac{2\pi}{\frac{\pi}{2{,}00\,\mathrm{s}}} = 4{,}00\,\mathrm{s}\,,$$

$$f = \frac{1}{T} = 0{,}250\,\mathrm{Hz}.$$

Zentripetalbeschleunigung und Zentripetalkraft:

Da sich bei einer Kreisbewegung der Vektor der (Bahn-)Geschwindigkeit ständig ändert, muss – auch bei der gleichförmigen Kreisbewegung – eine *beschleunigte* Bewegung vorliegen. Denn die Geschwindigkeit ändert sich mit der Zeit, was zu einer Beschleunigung führt (vgl. Abschnitt 2.4.2). Die Geschwindigkeitsänderung bezieht sich hier nur auf die Richtung, nicht auf den Betrag.

- Die *Beschleunigung*, die bei einer *(gleichförmigen) Kreisbewegung* auftritt, bezeichnet man als *Zentripetalbeschleunigung* $\vec{a}_z$.
- Die Zentripetalbeschleunigung ist stets vom Punkt A zum Mittelpunkt („Zentrum“) M der Kreisbahn hin gerichtet (vgl. Abbildung 2.32).

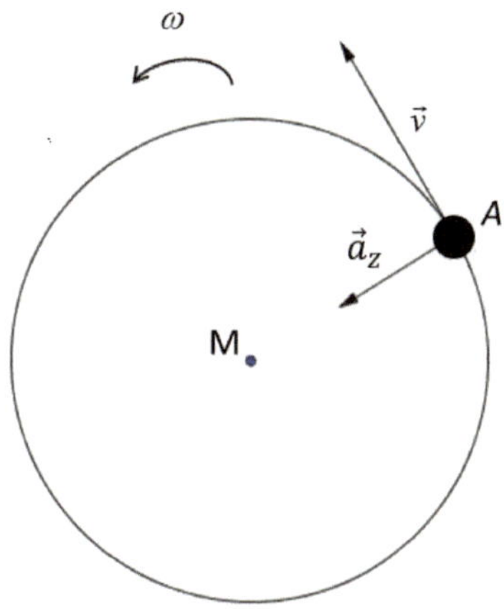

Abbildung 2.32: Zur Zentripetalbeschleunigung.

Wäre die Zentripetalbeschleunigung nicht vorhanden, so würde sich der Punkt einfach tangential der Bahn in Richtung des Geschwindigkeitsvektors $\vec{v}$ weiter bewegen, ohne auf der Kreisbahn zu verbleiben.

Man kann sich nun überlegen, dass der *Betrag der Zentripetalbeschleunigung bei der gleichförmigen Kreisbewegung* mit der Formel

$$a_z = r \cdot \omega^2 = \frac{v^2}{r} \quad (\textit{Betrag der Zentripetalbeschleunigung})$$

bestimmt werden kann. Wir verzichten auf die Herleitung.

Betrachten wir nun einen *Körper der Masse m*, der eine *gleichförmige Kreisbewegung* ausführt, so wirkt auf ihn nach dem *Grundgesetz der Dynamik* (vgl. Abschnitt 2.2.1) eine *Zentripetalkraft*.

Diese ist mit der Zentripetalbeschleunigung durch die Formel

$$F_z = m \cdot a_z = m \cdot r \cdot \omega^2 = m \cdot \frac{v^2}{r} \quad (\textit{Zentripetalkraft})$$

verknüpft.

Beispiel 25:

Ein Körper der Masse $m = 2{,}0\,\mathrm{kg}$ bewegt sich gleichförmig auf einer Kreisbahn mit Radius $r = 1{,}0\,\mathrm{m}$. Die Bahngeschwindigkeit beträgt $5{,}0\,\frac{\mathrm{m}}{\mathrm{s}}$.

Wir berechnen die Zentripetalbeschleunigung und die Zentripetalkraft, die jeweils nötig sind, um diese Kreisbewegung aufrecht zu erhalten.

Es gilt

$$a_z = \frac{v^2}{r} = \frac{\left(5{,}0\,\frac{\mathrm{m}}{\mathrm{s}}\right)^2}{1{,}0\,\mathrm{m}} = 25\,\frac{\mathrm{m}}{\mathrm{s}^2}$$

sowie

$$F_z = m \cdot a_z = 25\,\frac{\mathrm{m}}{\mathrm{s}^2} \cdot 2{,}0\,\mathrm{kg} = 50\mathrm{kg}\,\frac{\mathrm{m}}{\mathrm{s}^2} = 50\,\mathrm{N}.$$

Zentrifugalkraft:

Oft hört man im Zusammenhang mit Kreisbewegungen den Begriff der *Zentrifugalkraft*, die *vom Drehzentrum weg nach außen wirkt*. Wir kommen in unseren Betrachtungen völlig ohne diesen Begriff aus. Es sei hier nur Folgendes dazu angemerkt: Es handelt sich hierbei um eine so genannte *Schein-* oder *Trägheitskraft*, die nur auftritt, wenn wir die Perspektive wechseln und uns ins rotierende (also sich im Kreis bewegende) *Bezugssystem* begeben. Bislang haben wir *von außen* auf die Kreisbewegung geschaut. Aus Sicht eines Körpers, der sich *in* einem rotierenden Bezugssystem befindet (z. B. ein Mensch in einem rotierenden Karussell), möchte dieser sich aufgrund des *Trägheitsgesetzes* (Abschnitt 2.2.1) einfach geradlinig weiterbewegen. Er spürt daher eine Kraft nach außen. Eine genauere Betrachtung dazu findet man beispielsweise in [1].

2.9.2 Musteraufgabe

Musteraufgabe 7:

Die Waschtrommel in einer Waschmaschine besitzt einen Durchmesser von $d = 30$ cm. Der Bedienungsanleitung kann man entnehmen, dass sich die Waschtrommel beim Schleudervorgang mit 2400 Umdrehungen pro Minute dreht.

a) Berechnen Sie die Winkelgeschwindigkeit sowie den Betrag der Bahngeschwindigkeit eines Punkts auf der Wand der Waschtrommel.
b) Berechnen Sie den Betrag der Zentripetalbeschleunigung eines Punkts auf der Wand der Waschtrommel.
c) Welche Kraft wirkt auf einen Wassertropfen der Masse 0,10g, der sich an der Trommelwand befindet?

Lösung:

Gegeben: Glf. Kreisbewegung mit Durchmesser (halber Radius!), Frequenz (in Umdrehungen pro Minute, muss umgerechnet werden!) sowie Masse.

a) Gesucht: Winkel- und Bahngeschwindigkeit
Die Winkelgeschwindigkeit beträgt

$$\omega = \frac{2\pi}{T} = 2\pi \cdot f = 2\pi \cdot \frac{2400}{1\,\text{Minute}} = 2\pi \cdot \frac{2400}{60\,\text{s}} = 250\,\frac{1}{\text{s}}.$$

Die Bahngeschwindigkeit eines Punktes auf der Wand der Wäschetrommel (Entfernung zum Mittelpunkt entspricht dann gerade dem *halben Durchmesser*, d. h. dem Radius):

$$v = \omega \cdot r = 2\pi \cdot \frac{2400}{60\,\text{s}} \cdot 0{,}15\,\text{m} = 38\,\frac{\text{m}}{\text{s}}.$$

b) Gesucht: Zentripetalbeschleunigung.

$$a_z = r \cdot \omega^2 = 0{,}15\,\text{m} \cdot \left(2\pi \cdot \frac{2400}{60\,\text{s}}\right)^2 = 9500\,\frac{\text{m}}{\text{s}^2}.$$

Man beachte die sehr hohe Beschleunigung!
c) Gesucht: Zentripetalkraft.

$$F_z = m \cdot a_z = 0{,}10 \cdot 10^{-3}\,\text{kg} \cdot 0{,}15\,\text{m} \cdot \left(2\pi \cdot \frac{2400}{60\,\text{s}}\right)^2 = 0{,}95\,\text{N}.$$

2.9.3 Übungsaufgaben

Lösungen befinden sich in Anhang 1.

Rechnen Sie bei den Übungsaufgaben dieses Abschnitts mit $g = 10\,\frac{\mathrm{m}}{\mathrm{s}^2}$.

!! **Übungsaufgabe 20:**

Ein Gegenstand der Masse 0,10kg ist an einer Schnur der Länge 0,60 m befestigt und wird auf einer horizontalen Kreisbahn bewegt. Die Schnur hält eine maximale Zugkraft von 0,25kN aus.

Mit welcher Frequenz darf dann höchstens gedreht werden, damit die Schnur nicht reißt?

!! **Übungsaufgabe 21:**

Wir betrachten die gleichförmige Kreisbewegung bei einem Kettenkarussell, wie es in Abbildung 2.33 dargestellt ist. Dabei sei $s = 6{,}5\,\mathrm{m}$ und $l = 5{,}5\,\mathrm{m}$, außerdem sei $\alpha = 60°$.

Mit welcher Winkelgeschwindigkeit bewegt sich das Karussell?

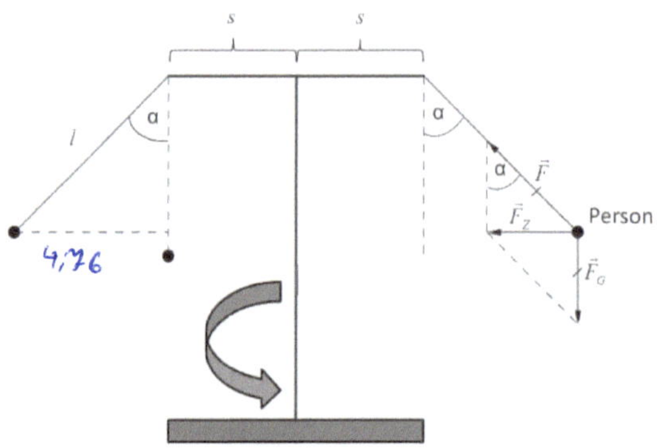

Abbildung 2.33: Zur Übungsaufgabe 21.

!! **Übungsaufgabe 22:**

Auf einer Achterbahn durchläuft ein Wagen einen Looping mit $r = 6{,}0\,\mathrm{m}$.

Wie groß muss die Starthöhe mindestens sein (es wird aus der Ruhe gestartet), damit der Wagen im höchsten Punkt des Loopings nicht herunter fällt?

2.10 Mechanische Schwingungen

2.10.1 Grundbegriffe

Mechanische Schwingungen:

Unter einer mechanischen Schwingung verstehen wir eine zeitlich wiederholte Hin- und Herbewegung eines Körpers durch eine Ruhelage.

Als Beispiel dafür betrachten wir Abbildung 2.34. Ein Körper ist an einer Feder befestigt und kann entlang der s-Richtung hin- und herschwingen (*Feder-Massen-Schwinger*). Dabei passiert er immer wieder die Ruhelage (entspannte Feder), denn die gedehnte bzw. gestauchte Feder bewirkt eine *Rückstellkraft*, die den Körper immer in Richtung der Ruhelage zurücktreibt (vgl. auch Vertiefung zu Abschnitt 2.3.4).

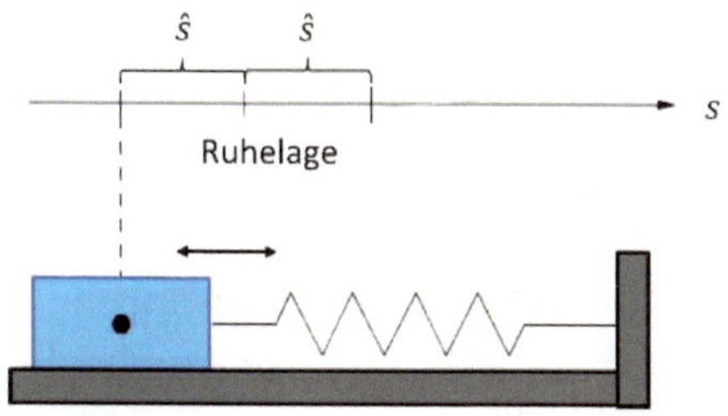

Abbildung 2.34: Zum Begriff der mechanischen Schwingung.

- Wir wollen die *Auslenkung* (auch *Elongation* genannt) einer solchen Schwingung mit s bezeichnen, wobei die Auslenkung *zeitlich veränderlich* ist, d. h. $s = s(t)$.
- Den maximalen Betrag der Auslenkung einer Schwingung bezeichnet man als *Amplitude* $\hat{s}$.

- Die in Abbildung 2.34 dargestellte Feder-Massen-Schwingung besitzt einen linken und einen rechten *Umkehrpunkt*. Diese Umkehrpunkte bleiben nur bei einer idealen, d. h. einer *ungedämpften Schwingung* über die Zeit hin konstant.

- In der Praxis sind Schwingungen *gedämpft*, d. h. die Umkehrpunkte wandern immer mehr in Richtung der Ruhelage, und schließlich kommt der Schwinger dort ganz zur Ruhe. Wir betrachten im Folgenden jedoch nur *ungedämpfte* Schwingungen.

Harmonische mechanische Schwingungen:

Harmonische mechanische Schwingungen sind von besonderer Bedeutung. Sie gehorchen dem s-t-Gesetz

$$s(t) = \hat{s} \cdot \sin(\omega \cdot t + \delta) \quad (\textit{s-t-Gesetz der harmonischen Schwingung}).$$

- Dabei ist ω die *Kreisfrequenz* (vgl. auch Abschnitt 2.9) der harmonischen Schwingung.
- Einheit der Kreisfrequenz: $[\omega] = 1\,\frac{\text{rad}}{\text{s}}$, verkürzt erneut $[\omega] = 1\,\frac{1}{\text{s}}$.
- δ heißt Phasenverschiebung (Einheit: 1 rad), wobei $0 \leq \delta < 2\pi$. Wir kommen später darauf zurück.
- Man beachte, dass hier in aller Regel im *Bogenmaß* gerechnet wird, d. h. Winkel werden in rad statt in $^\circ$ angegeben! Zum Bogenmaß vgl. auch Abschnitt 1.7.1.
- Die *Periodizität* der harmonischen Schwingung ist durch die *Sinusfunktion* gewährleistet. Dabei bestimmt die Kreisfrequenz ω die Periodendauer T. Es gilt

$$T = \frac{2\pi}{\omega} \quad (\textit{Periodendauer bei harmonischer Schwingung}).$$

  Denn nach dieser Zeit wiederholt sich die Sinusschwingung mit Kreisfrequenz ω gerade wieder (vgl. dazu auch [3] und [4]).
- Das v-t-Gesetz der harmonischen Schwingung erhält man dann durch Ableiten des s-t-Gesetzes nach der Zeit, denn es gilt $v(t) = \dot{s}(t)$, vgl. Abschnitt 2.4.2. Entsprechend erhält man durch nochmaliges Ableiten nach der Zeit das a-t-Gesetz (Beschleunigungs-Zeit-Gesetz).

Zur Veranschaulichung betrachten wir Abbildung 2.35.

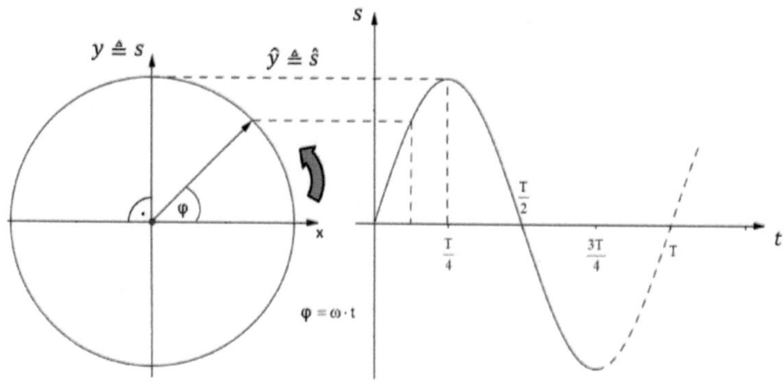

Abbildung 2.35: Zur harmonischen Schwingung.

Wir schauen uns zunächst nur den *rechten Teil* der Abbildung an. Dort sehen wir eine Sinuskurve, genauer gesagt handelt es sich um das s-t-Gesetz der harmonischen Schwingung

$$s(t) = \hat{s} \cdot \sin(\omega \cdot t),$$

wobei die Phasenverschiebung $\delta = 0$ ist.

Wir stellen uns nun vor, der Körper aus der Anordnung in Abbildung 2.34 führe diese Schwingung aus und vergleichen jeweils mit dem *rechten Graphen* (Sinuskurve) in Abbildung 2.35:

- Zum Zeitpunkt $t = 0$ ist der schwingende Körper in seiner Ruhelage ($s(0) = 0$).
- Zum Zeitpunkt $t = \frac{T}{4}$ ist der schwingende Körper am rechten Umkehrpunkt (maximale Auslenkung nach rechts), d. h. $s\left(\frac{T}{4}\right) = \hat{s}$.
- Der Körper schwingt danach nach links. Zum Zeitpunkt $t = \frac{T}{2}$ ist der schwingende Körper wieder in der Ruhelage angelangt und schwingt nun weiter nach links; $s\left(\frac{T}{2}\right) = 0$.
- Zum Zeitpunkt $t = \frac{3T}{4}$ ist der schwingende Körper am linken Umkehrpunkt, d. h. $s\left(\frac{3T}{4}\right) = -\hat{s}$.
- Nun schwingt der Körper wieder nach rechts. Nach einer vollen Periodendauer T ist der wieder in der Ruhelage angelangt ($s(T) = 0$), und ab hier wiederholt sich die Schwingung wieder.

Vertiefung: Analogie zur Kreisbewegung:

Wir betrachten nun zusätzlich den *linken Teil* von Abbildung 2.35. Hier ist eine *gleichförmige Kreisbewegung* dargestellt. Wir erkennen, dass sich diese *Kreisbewegung auf die harmonische Schwingung abbilden* lässt: „Startet" die Kreisbewegung zum Zeitpunkt $t = 0$ auf der x-Achse, so hat der kreisende Punkt zum Zeitpunkt $t = \frac{T}{4}$ gerade den höchsten Punkt auf dem Kreis, also die y-Achse erreicht. Dies entspricht in der Schwingung gerade dem rechten Umkehrpunkt. Periodendauer T und Kreisfrequenz (=Winkelgeschwindigkeit) ω stimmen bei der Kreisbewegung und der entsprechenden harmonischen Schwingung genau überein.

Zur Phasenverschiebung:

Ist die Phasenverschiebung $\delta \neq 0$, so erhalten wir eine entsprechend verschobene Sinusschwingung, siehe z.B. Musteraufgabe 8.

2.10.2 Musteraufgabe

Musteraufgabe 8:

Gegeben ist ein Feder-Masse-Schwinger wie in Abbildung 2.34, der eine harmonische Schwingung ausführe. Die Periodendauer der Schwingung beträgt $T = 2{,}5\,\text{s}$. Zum Zeitpunkt $t = 0$ befinde sich der schwingende Körper im linken Umkehrpunkt bei der Auslenkung $-2{,}0\,\text{cm}$.

a) Bestimmen Sie das s-t-Gesetz dieser Schwingung.
b) Bestimmen Sie jeweils das v-t- und das a-t-Gesetz.
c) Nach welcher Zeit erreicht der schwingende Körper erstmals die Gleichgewichtslage? Wie groß ist dann seine Geschwindigkeit?

Lösung:

a) Da zunächst das s-t-Gesetz in der Form $s(t) = \hat{s} \cdot \sin(\omega \cdot t + \delta)$ gesucht ist, müssen die Amplitude und die Kreisfrequenz bestimmt werden. Es gilt $\hat{s} = 2{,}0\,\text{cm}$, da die Amplitude dem *Betrag* der maximalen Auslenkung entspricht. Dieser ist durch die Entfernung vom linken Umkehrpunkt zur Ruhelage gegeben.

Außerdem gilt

$$\omega = \frac{2\pi}{T} = \frac{2\pi}{2{,}5\,\mathrm{s}} = 2{,}5\,\frac{1}{\mathrm{s}}\,.$$

Damit folgt

$$s(t) = 2{,}0\,\mathrm{cm} \cdot \sin\left(2{,}5\,\frac{1}{s} \cdot t + \delta\right).$$

Die Phasenverschiebung δ können wir aus der Bedingung $s(0) = -2{,}0\,\mathrm{cm}$ bestimmen. Dann ist

$$-2{,}0\,\mathrm{cm} = 2{,}0\,\mathrm{cm} \cdot \sin\left(2{,}5\,\frac{1}{s} \cdot 0 + \delta\right)$$

bzw. mit Division durch 2,0 cm

$$\sin(\delta) = -1.$$

Das bedeutet jedoch $\delta = \frac{3}{2}\pi$ (im Bogenmaß; in Grad: $\delta = 270°$), also

$$s(t) = 2{,}0\,\mathrm{cm} \cdot \sin\left(2{,}5\,\frac{1}{s} \cdot t + \frac{3}{2}\pi\right).$$

Man kann sich nun überlegen, dass eine um $\delta = \frac{3}{2}\pi$ „nach links" verschobene Sinusfunktion gerade einer *negativen Kosinusfunktion* entspricht. Daher können wir auch schreiben:

$$s(t) = -2{,}0\,\mathrm{cm} \cdot \cos\left(2{,}5\,\frac{1}{s} \cdot t\right).$$

Durch Einsetzen von $t = 0$ können wir die Plausibilität nochmals checken:

$$s(0) = -2{,}0\,\mathrm{cm} \cdot \cos\left(2{,}5\,\frac{1}{s} \cdot 0\right) = -2{,}0\,\mathrm{cm}.$$

Passt!

b) Es gilt

$$v(t) = \dot{s}(t) = 2{,}0\,\text{cm} \cdot \sin\left(2{,}5\frac{1}{s} \cdot t\right) \cdot 2{,}5\frac{1}{s}$$
$$= 5{,}0\frac{\text{cm}}{\text{s}} \cdot \sin\left(2{,}5\frac{1}{s} \cdot t\right).$$

Dabei haben wir ausgenutzt, dass cos abgeleitet – sin ist, sowie die Kettenregel der Differentialrechnung angewendet, d. h. wir haben nachdifferenziert (innere Ableitung!).
Entsprechend folgt

$$a(t) = \dot{v}(t) = 5{,}0\frac{\text{cm}}{\text{s}} \cdot \cos\left(2{,}5\frac{1}{s} \cdot t\right) \cdot 2{,}5\frac{1}{s}$$
$$= 13\frac{\text{cm}}{\text{s}^2} \cdot \cos\left(2{,}5\frac{1}{s} \cdot t\right).$$

(Die Beschleunigung ist also bei einer harmonischen Schwingung keineswegs konstant!)

c) Es muss gelten

$$s(t) = -2{,}0\,\text{cm} \cdot \cos\left(2{,}5\frac{1}{s} \cdot t\right) = 0,$$

da sich die Gleichgewichtslage bei $s = 0$ befindet. Das bedeutet

$$\cos\left(2{,}5\frac{1}{s} \cdot t\right) = 0,$$

d. h.

$$2{,}5\frac{1}{s} \cdot t = \frac{\pi}{2}\, bzw. t = 0{,}63\,\text{s}.$$

Die Geschwindigkeit kann dann aus dem v-t-Gesetz ermittelt werden. Dies lautet $v(t) = 5{,}0\frac{\text{cm}}{\text{s}} \cdot \sin\left(2{,}5\frac{1}{s} \cdot t\right)$. Einsetzen der Zeit liefert $v(0{,}63\,\text{s}) = 5{,}0\frac{\text{cm}}{\text{s}}$.
Die letzte Rechnung kann man sich auch sparen, denn in der Gleichgewichtslage muss der Körper die maximale Geschwindigkeit besitzen (die Gesamtenergie ist bei entspannter Feder in Form von kinetischer Energie gespeichert!). Und die Maximalgeschwindigkeit kann man am Vorfaktor im v-t-Gesetz ablesen!

2.10.3 Übungsaufgabe

Übungsaufgabe 23: !!

Gegeben ist ein Feder-Masse-Schwinger wie in Abbildung 2.34, der eine harmonische Schwingung ausführe. Die Periodendauer der Schwingung beträgt $T = 2{,}00\,\mathrm{s}$. Es ist bekannt: $s(0) = 1{,}00\,\mathrm{cm}$ und $v(0) = 1{,}00\,\frac{\mathrm{cm}}{\mathrm{s}}$.

Bestimmen Sie das s-t-Gesetz dieser Schwingung.

3 Elektrizitätslehre und Magnetismus

Elektrizität und Magnetismus – kurz Elektromagnetismus genannt – spielen in Naturwissenschaften und Technik eine zentrale Rolle. Die Phänomene der Elektrizitätslehre und des Magnetismus sind eng miteinander verknüpft, wie wir etwa in Abschnitt 3.5 sehen werden.

3.1 Grundbegriffe der Elektrizitätslehre

Wir wollen im Folgenden die wichtigsten Grundbegriffe der Elektrizitätslehre einführen.

3.1.1 Elektrische Ladungen und elektrische Felder

Das Symbol für die *elektrische Ladung* ist Q.

- *Einheit*: $[Q] = 1\,\text{Coulomb} = 1\text{C Coulomb}$
- Es gibt *positive* und *negative elektrische Ladungen*. In *Atomen* kommen (neben ungeladenen Neutronen) *geladene Elementarteilchen*, Elektronen (negativ geladen) und Protonen (positiv geladen) vor. Sie tragen die so genannte Elementarladung mit Betrag

$$Q_{\text{Proton}} = -Q_{\text{Elektron}} = e = 1,602 \cdot 10^{-19}\text{C} \quad (\textit{Elementarladung}).$$

- Elektrisch neutrale, also ungeladene Körper haben gleich viele Protonen wie Elektronen. Ein elektrisch geladener Körper hat entweder einen Elektronenüberschuss oder -mangel.

Elektrische Ladungen sind stets von elektrischen Feldern umgeben.

- Dazu betrachten wir zwei entgegengesetzt geladene Metallkugeln (die Stäbe, mit denen diese am Boden befestigt sind, seien beispielsweise aus Plastik, also elektrisch *isolierend*), siehe Abbildung 3.1. Solche Metallkugeln bezeichnet man auch als *Kugelkonduktoren*.

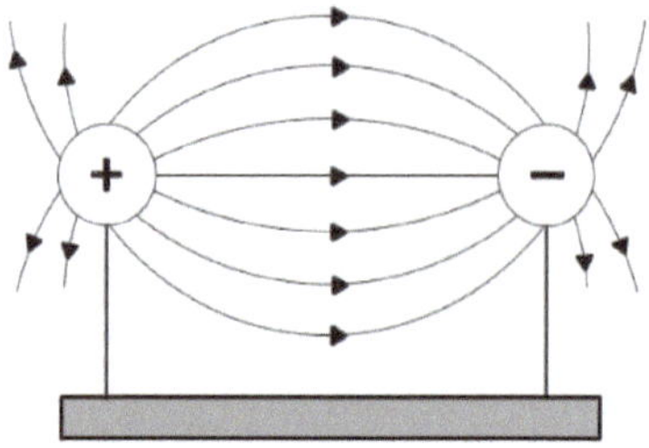

Abbildung 3.1: Elektrisch geladene Kugelkonduktoren (positiv: +; negativ: –) mit elektrischen Feldlinien

- Die *elektrischen Feldlinien* beginnen bei einer positiven Ladung und enden bei einer negativen Ladung. Sie stehen senkrecht auf Flächen gleichen elektrischen Potenzials (dieser Begriff wird in Abschnitt 3.1.2 kurz erläutert). Die Feldlinien sind unsichtbar, lassen sich aber durch so genannte *Probeladungen* „sichtbar" machen. Eine solche Probeladung kann z. B. ein kleines geladenes Teilchen, z. B. ein geladenes Wattekügelchen, sein, welches ins elektrische Feld eingebracht wird. Dieses erfährt dann eine elektrische *Feldkraft* und bewegt sich infolge dieser entlang der Feldlinien. Ist es *positiv* geladen, so bewegt es sich *in Feldrichtung* (Pfeilrichtung), ist es *negativ* geladen, bewegt es sich *entgegengesetzt der Feldrichtung*.
- In der *Elektrostatik* ruhen die Ladungen und damit auch die Feldlinien. Beispiel: Durch Abbildung 3.1 mit den Kugelkonduktoren wird ein elektrostatisches Problem beschrieben. Die beiden geladenen Kugelkonduktoren ziehen sich zwar an, sind aber am Boden befestigt, so dass sie sich nicht aufeinander zubewegen können.

- Die Elektrostatik ist ein Spezialfall der *Elektrodynamik*, bei der sich die Ladungen auch bewegen können. Ein Beispiel stellt die sich bewegende Probeladung im elektrischen Feld der Kugelkonduktoren dar.
- In elektrischen Leitern (z. B. in Metallen) können Feldkräfte Ladungen trennen und so auf den Oberflächen so genannte *Influenzladungen* bilden. In der *Elektrostatik* „schützen" diese das Innere des Leiters vor elektrischen Feldern und damit vor Strömen (*Faradayscher Käfig*).
- In *stromdurchflossenen* Leitern herrschen *elektrische Felder*. Aufgrund von Feldkräften, die die Ursache eines elektrischen Stroms sind, werden dort Ladungen bewegt. Auf den Begriff des elektrischen Stroms gehen wir weiter unten ein.
- Wir haben gerade angesprochen, dass elektrische Ladungen wechselseitig eine Kraft $\vec{F}_{el}$ aufeinander ausüben. Die elektrische Feldstärke $\vec{E}$ in einem Feldpunkt ist durch

$$\vec{E} = \frac{\vec{F}_{el}}{Q} \qquad (\textit{elektrische Feldstärke})$$

definiert. Die elektrische Feldstärke ist also eine *vektorielle* Größe und zeigt in die gleiche Richtung wie die auf eine positive Ladung wirkende elektrische Feldkraft, d. h. in Richtung der Feldlinien.

In Worten entspricht der Betrag der *elektrischen Feldstärke* dem Betrag der *elektrischen Kraft*, die *pro Ladungseinheit* auf ein geladenes Teilchen wirkt. Sie ist damit *unabhängig von der Ladung*. Wirkt pro Ladungseinheit eine hohe Kraft, so ist die elektrische Feldstärke groß, wirkt entsprechend eine kleine Kraft pro Ladungseinheit, so ist die elektrische Feldstärke klein.

- Wenn die Feldstärke nur entlang einer definierten Richtung betrachtet wird bzw. bei eindimensionalen elektrischen Feldern können wir – ähnlich wie bei den Kräften – den Vektorpfeil weglassen und für die Feldstärke E schreiben.
- *Einheit* der elektrischen Feldstärke: $[\vec{E}] = 1\,\frac{\mathrm{N}}{\mathrm{C}}$.

Beispiel 26:

Auf ein geladenes Teilchen der Ladung $Q = 1{,}6\text{nC}$ wirkt (a) die Kraft $F_{el} = 8{,}0 \cdot 10^{-5}\text{N}$ (b) die Kraft $F_{el} = 8{,}0 \cdot 10^{-3}\text{N}$.

Im Fall (a) beträgt die elektrische Feldstärke

$$E_{el} = \frac{F_{el}}{Q} = \frac{8{,}0 \cdot 10^{-5}\text{N}}{1{,}6 \cdot 10^{-9}\text{C}} = 5{,}0 \cdot 10^{4}\,\frac{\text{N}}{\text{C}}.$$

Im Fall (b) gilt

$$E_{el} = \frac{F_{el}}{Q} = \frac{8{,}0 \cdot 10^{-3}\text{N}}{1{,}6 \cdot 10^{-9}\text{C}} = 5{,}0 \cdot 10^{6}\,\frac{\text{N}}{\text{C}}$$

(also der hundertfache Wert wie in (a), da die hundertfache Kraft auf die gleiche Ladung wirkt).

- In einem so genannten *homogenen* Feld sind *Betrag* und *Richtung* der elektrischen Feldstärke überall gleich groß. Homogene elektrische Felder treten näherungsweise in *Plattenkondensatoren* auf (Abschnitt 3.3).
- Geladene Teilchen oder Körper besitzen stets eine Masse ($m > 0$). Wirkt auf ein *bewegliches* geladenes Teilchen der Ladung Q im elektrischen Feld eine Feldkraft $\vec{F}_{el}$, so wird das Teilchen nach dem 2. Newtonschen Gesetz beschleunigt. Es gilt

$$\vec{F}_{el} = m \cdot \vec{a} \quad (2.\ \textit{Newtonsches Gesetz})$$

Dabei ist $\vec{a}$ die zugehörige Beschleunigung des Teilchens.

Vertiefung: Zum Feldbegriff in der Physik:

Unter einem *Feld* versteht man in der Physik eine physikalische Größe, welche in einem *räumlichen Bereich* definiert ist und dort im Prinzip an jedem Ort einen anderen Wert annehmen kann, also *ortsabhängig* ist. Die *Temperatur* in einem Raumbereich ist ein Beispiel für ein solches Feld. Die Temperatur ist prinzipiell an jedem Raumpunkt unterschiedlich, z. B. ist es in einem Zimmer im Winter in der Nähe des Fensters etwas kälter als weiter innen im Raum.

Man unterscheidet *Skalar-* und *Vektorfelder*. Bei ersteren handelt es sich bei der Feldgröße um ein Skalar. Die Temperatur in einem Raumbereich ist ein Skalarfeld, denn die Temperatur an einem Raumpunkt wird einfach durch eine Zahl (zuzüglich der Einheit Kelvin) dargestellt. Im Gegensatz dazu handelt es sich beim elektrischen Feld, repräsentiert durch die elektrische Feldstärke, um ein Vektorfeld, die Feldstärke besitzt ja neben einem bestimmten Betrag auch stets eine Richtung. In einem *inhomogenen* elektrischen Feld kann die elektrische Feldstärke an jedem Raumpunkt *in eine andere Richtung* zeigen, vgl. dazu das obige Beispiel mit den Kugelkonduktoren (Abbildung 3.1): Die Feldlinien sind hier ja gekrümmt. Außerdem ist auch der *Betrag* des elektrischen Felds meist *ortsabhängig* (Ausnahme: homogene elektrische Felder).

3.1.2 Elektrische Arbeit und elektrische Spannung

Elektrische Arbeit:

Möchte man *positive* und *negative Ladungen trennen*, beispielsweise zwei entgegengesetzt geladene Metallplatten, die nahe beieinander sind, weiter auseinander bringen, so muss dies *gegen die elektrische Feldkraft* $\vec{F}_{el}$ (Betrag: F_{el}) geschehen. Beim Trennen der geladenen Platten – oder allgemeiner der Ladungen – wird eine bestimmte Strecke s zurückgelegt. Nach Abschnitt 2.7 wird dann bei der Ladungstrennung die Arbeit

$$W_{el} = F_{el} \cdot s \quad (elektrische\ Arbeit)$$

verrichtet, falls F_{el} konstant ist (und die Feldkraftkomponente in Wegrichtung ist). Hierbei handelt es sich allerdings um die *elektrische Arbeit* – im Gegensatz zur in Abschnitt 2.7 besprochenen *mechanischen Arbeit*. Die Einheit der elektrischen Arbeit ist wiederum 1 J (Joule).

Vertiefung:

Die obige Formel gilt in dieser einfachen Form nur unter folgenden Voraussetzungen:

(1) Der Weg wird genau entlang der Feldlinien zurückgelegt, d. h. stets genau in Kraftrichtung. Denn wir wissen ja aus Abschnitt 2.7, dass zur Arbeit nur die Kraftkomponente in Wegrichtung beiträgt. (2) Außerdem wird hier angenommen, dass die elektrische Kraft während der Ladungstrennung *konstant* bleibt.

Die allgemeinere Formel für die elektrische Arbeit lautet daher

$$W_{el} = \int_{\text{Anfangspunkt}}^{\text{Endpunkt}} \vec{F}_{el} \cdot d\vec{s} \quad (\textit{elektrische Arbeit, gilt allg.}).$$

Elektrische Spannung:

Die elektrische Spannung ist durch

$$U = \frac{W_{el}}{Q} \quad (\textit{elektrische Spannung})$$

definiert. Anschaulich ist das die elektrische Arbeit, die pro Ladungseinheit für die Trennung der Ladungen verrichtet werden muss.

- *Einheit* der Spannung: $[U] = 1\,\frac{\mathrm{J}}{\mathrm{C}} = 1\,\mathrm{Volt} = 1\mathrm{V}$
- Man beachte auch: Die Anwesenheit einer elektrischen Spannung bedeutet nicht automatisch, dass auch ein Strom fließt (zum Begriff des elektrischen Stroms kommen wir in Kürze, Abschnitt 3.1.3). Wir haben den Begriff der elektrischen Arbeit und der elektrischen Spannung anhand von zwei elektrisch geladenen Platten, die auseinandergezogen werden, eingeführt (vgl. auch nachstehendes Beispiel 27). Die getrennten Ladungen ziehen sich an, können sich aber durch die dazwischen liegende elektrisch isolierende Luftschicht nicht bewegen, so dass es zu keinem Ladungsfluss (Strom) kommt. Werden getrennte Ladungen jedoch durch ein elektrisch leitendes Material verbunden, so kommt es zu einem Stromfluss und somit zu einem Ladungsausgleich.

Vertiefung zur Definition der elektrischen Spannung:

Die Spannung zwischen zwei Punkten („Anfangspunkt“ und „Endpunkt“) im elektrischen Feld ist wegen

$$\vec{E} = \frac{\vec{F}_{el}}{Q} \quad \text{und} \quad W_{el} = \int_{\text{Anfangspunkt}}^{\text{Endpunkt}} \vec{F}_{el} \cdot d\vec{s}$$

auch durch

$$U = \int_{\text{Anfangspunkt}}^{\text{Endpunkt}} \vec{E} \cdot d\vec{s} \quad (\textit{elektrische Spannung})$$

gegeben.

Vertiefung: Spannungsgefälle und elektrisches Potenzial

In Physik und Elektrotechnik ist der Begriff des *elektrischen Potenzials* wichtig. Ähnlich wie bei der *Lageenergie* in der Mechanik (Abschnitt 2.7) wird dieses stets in Relation zu einem so genannten *Bezugsniveau* (auch: *Nullniveau* genannt) angegeben. Definitionsgemäß ist das elektrische Potenzial φ eines Punktes A die Spannung von A gegen dieses Bezugsniveau. Die Spannung U zwischen zwei Punkten A und B ist die *Potenzialdifferenz* $\varphi_B - \varphi_A$.

Als Beispiel können wir erneut zwei entgegengesetzt geladene Metallplatten betrachten, die sich in einem bestimmten Abstand gegenüberstehen. Die Punkte auf der Oberfläche von Platte 1 liegen alle auf demselben elektrischen Potenzial – falls nicht, verschieben sich die Ladungen auf der Platte so lange, bis dies der Fall ist. Dasselbe gilt für Platte 2. Zwischen Platte 1 und Platte 2 herrscht eine Potenzialdifferenz, also eine Spannung.

Beispiel 27:

Zwei Metallplatten sind mit der Ladung $+3{,}0\mu$C bzw. $-3{,}0\mu$C aufgeladen. Die Platten sind zu Beginn nah beieinander und werden nun auseinandergezogen. Dabei ist eine konstante Kraft von 0,10N notwendig. Die Platten haben nach diesem Vorgang einen Abstand von 50cm voneinander.

Wir berechnen die für diesen Vorgang aufgewendete elektrische Arbeit sowie die daraus resultierende Spannung zwischen den Metallplatten.

Zunächst gilt

$$W_{el} = F_{el} \cdot s = 0{,}10\,\mathrm{N} \cdot 0{,}50\,\mathrm{m} = 0{,}050\,\mathrm{Nm} = 0{,}050\,\mathrm{J}.$$

Weiterhin gilt dann

$$U = \frac{W_{el}}{Q} = \frac{0{,}10\,\mathrm{N} \cdot 0{,}50\,\mathrm{m}}{3{,}0 \cdot 10^{-6}\,\mathrm{C}} = 1{,}7 \cdot 10^4\,\frac{\mathrm{J}}{\mathrm{C}} = 17\,\mathrm{kV}.$$

Vertiefung zu Beispiel 27:

Wir berechnen das (als homogen angenommene) elektrische Feld zwischen den Platten aus Beispiel 27.

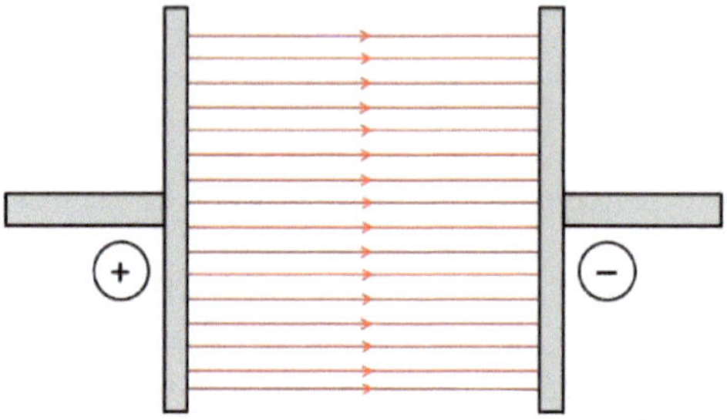

Abbildung 3.2: Homogenes elektrisches Feld zwischen zwei Metallplatten.

Da dieses elektrische Feld, dargestellt durch die Feldlinien in der Abbildung 3.2, an jeder Stelle zwischen den Platten in die gleiche Richtung zeigt – nämlich in Richtung der negativ geladenen Platte – kann hier der Vektorpfeil weggelassen werden (die Richtung ist nämlich ohnehin bekannt). Außerdem wurde die Kraft, mit der die Platten auseinandergezogen wurden, als konstant angenommen. Damit ist auch die elektrische Feldstärke konstant.

Es ergibt sich dann

$$E = \frac{F_{el}}{Q} = \frac{0{,}10\,\mathrm{N}}{3{,}0 \cdot 10^{-6}\,\mathrm{C}} = 33000\,\frac{\mathrm{N}}{\mathrm{C}} = 33\,\frac{\mathrm{kN}}{\mathrm{C}}\,.$$

Die Spannung kann nun auch nach der oben angegebenen Formel

$$U = \int_{\text{Anfangspunkt}}^{\text{Endpunkt}} \vec{E} \cdot d\vec{s}$$

berechnet werden. Diese Formel vereinfacht sich stark, da wir den Vektorcharakter der elektrischen Feldstärke vernachlässigen können und die Feldstärke obendrein konstant ist (*homogenes elektrisches Feld*). Den Anfangspunkt können wir beim Plattenabstand 0cm, den Endpunkt beim Abstand 50cm festlegen.

Damit ergibt sich

$$U = \int_{\text{Anfangspunkt}}^{\text{Endpunkt}} \vec{E} \cdot d\vec{s} = \int_{0}^{50\,\text{cm}} E \cdot ds = [E \cdot s]_{s=0}^{50\,\text{cm}} = 33\,\frac{\text{kN}}{\text{C}} \cdot 0{,}50\,\text{m} = 17\,\text{kV}$$

Da die elektrische Feldstärke *konstant* ist, konnte das Integral sehr einfach ausgeführt werden.

Diese Art der Berechnung der elektrischen Spannung erscheint etwas umständlich, soll aber zweierlei veranschaulichen: Zum einen zeigt sie, wie man die Integralformel für die elektrische Spannung anwenden kann. Zum anderen soll darauf hingewiesen werden, dass der Weg über das Integral eine allgemeinere Berechnungsmethode darstellt, die auch dann noch funktioniert, wenn das Feld inhomogen ist.

Schließlich betrachten wir nochmals das *formelmäßige* Ergebnis dieser Rechnung. Das Integral ergab

$$U = E \cdot d \quad (\textit{elektrische Spannung im } \text{homogenen } \textit{Feld})$$

wobei d den Plattenabstand bezeichnet. Diese Formel gilt für die *elektrische Spannung im homogenen elektrischen Feld* zwischen zwei geladenen Platten. Wir werden darauf in Abschnitt 3.3 zurückkommen.

3.1.3 Elektrische Stromstärke

Bewegte elektrische Ladung wird als elektrischer Strom bezeichnet.

- Ein elektrischer Strom kann z. B. in einem Leiterdraht fließen, zwischen dessen Enden eine elektrische Spannung anliegt. Da der Draht elektrisch leitend ist, ist dann ein Transport der Ladungen möglich.
- Ein Maß für die *Stärke* des *Stroms* ist, wie viel *Ladung pro Zeiteinheit* fließt. Entsprechend definiert man

$$I = \frac{\Delta Q}{\Delta t} \quad (\textit{mittlere elektrische Stromstärke}).$$

- Dabei ist ΔQ die in der Zeitspanne Δt geflossene Ladung. Damit ist durch die obige Definition streng genommen eine *mittlere* Stromstärke für das Zeitintervall Δt gegeben. Ist die Stromstärke im betrachteten Zeitintervall *konstant*, so entspricht sie gerade der mittleren Stromstärke.
- Ändert sich die Stromstärke hingegen in einem betrachteten Zeitabschnitt, so ist sie eine zeitabhängige Funktion $I = I(t)$. Dann ist auch die Ladung zeitabhängig, $Q = Q(t)$. Ist die *momentane* elektrische Stromstärke zum Zeitpunkt t gesucht, so muss der Fluss der Ladung in einem möglichst kleinen Zeitintervall um den betrachteten Zeitpunkt herum herangezogen werden. Es gilt dann also

(Momentane) elektrische Stromstärke:

$$I(t) = \lim_{\Delta t \to 0} \frac{Q(t + \Delta t) - Q(t)}{\Delta t} = \lim_{\Delta t \to 0} \frac{\Delta Q(t)}{\Delta t} = \frac{dQ(t)}{dt} = \dot{Q}.$$

- Das ist gerade die *zeitliche Ableitung* der (zeitabhängigen) Ladung. Wir erkennen eine gewisse Analogie zur Bewegungslehre in der Mechanik: Eine ähnliche Definition haben wir bei der Momentangeschwindigkeit kennen gelernt (Abschnitt 2.4).
- In den Aufgaben werden wir – wenn nicht anders angegeben – mit einer konstanten bzw. mittleren elektrischen Stromstärke rechnen.
- *Einheit* der Stromstärke: $[I] = 1\,\frac{\mathrm{C}}{\mathrm{s}} = 1\,\text{Ampère} = 1\,\mathrm{A}$
  Die Stromstärke ist eine *physikalische Grundgröße* (vgl. Abschnitt 1.5). Damit ist streng genommen die Ladung eine abgeleitete Größe. Wir kennen nun also die *Basiseinheiten* Meter, Kilogramm, Sekunde und Ampère.

Beispiel 28:

Durch einen Leiterquerschnitt fließt in 3,0 s eine Ladung von 18 C. Die Stromstärke beträgt dann

$$I = \frac{\Delta Q}{\Delta t} = \frac{18\,\mathrm{C}}{3{,}0\,\mathrm{s}} = 6{,}0\,\frac{\mathrm{C}}{\mathrm{s}} = 6{,}0\,\mathrm{A}.$$

Fließt in der gleichen Zeit die doppelte Ladung, so verdoppelt sich auch die Stromstärke. Ebenso verdoppelt sich die Stromstärke, wenn die gleiche Ladung in der halben Zeit fließt.

3.1.4 Ohmscher Widerstand, elektrische Leitfähigkeit

Materie, z. B. ein Leiterdraht, setzt einer *bewegten Ladung* einen bestimmten *Widerstand* entgegen.

Wir nehmen nun an, dass zwischen den beiden Enden eines Leiterdrahts eine elektrische Spannung U anliegt. Dabei fließt ein elektrischer Strom der Stärke I. Ist der Widerstand des Leiters hoch, so erwarten wir eine vergleichsweise niedrige Stromstärke, ist er niedrig, so erwarten wir entsprechend eine hohe Stromstärke. Daher definieren wir den so genannten *ohmschen Widerstand* durch

$$R = \frac{U}{I} \quad (\textit{ohmscher Widerstand}).$$

- *Einheit* des ohmschen Widerstands: $[R] = 1\,\frac{\mathrm{V}}{\mathrm{A}} = 1\,\mathrm{Ohm} = 1\Omega$.
  Dabei ist Ω der griechische (Groß-)Buchstabe „Omega".
- Die *elektrische Leitfähigkeit* ist ein Maß dafür, wie gut ein Material den elektrischen Strom leitet. Entsprechend ist sie als *Kehrwert des ohmschen Widerstands definiert,* d. h.

$$\rho_{el} = \frac{1}{R} \quad (\textit{elektrische Leitfähigkeit}).$$

  Dabei ist ρ der griechische (Klein-)Buchstabe „rho".
- *Einheit* der elektrischen Leitfähigkeit: $[\rho_{el}] = 1\Omega^{-1} = 1\,\frac{\mathrm{A}}{\mathrm{V}}$.

Vertiefung:

- Die elektrische Leitfähigkeit eines Materials ist *temperaturabhängig*. Bei Metallen sinkt sie mit steigender Temperatur.
- Die elektrische Leitfähigkeit bzw. der ohmsche Widerstand eines elektrischen Bauteils, also z. B. eines Leiterdrahts, ist nicht nur vom

Material und von der Temperatur, sondern auch von den Abmessungen abhängig.
Für einen *Leiterdraht* gilt

$$R = \sigma \cdot \frac{l}{A} \quad (\textit{ohmscher Widerstand eines Leiterdrahts}).$$

Dabei ist σ der materialabhängige *spezifische elektrische Widerstand*, l die Länge des Drahts und A dessen Querschnittsfläche.

- In der Technik gebräuchliche *Einheit*: $[\sigma] = 1\,\frac{\Omega\,\text{mm}^2}{\text{m}}$.
- Elektrische *Isolatoren* – dazu gehören die meisten Nichtmetalle, Luft und auch das Vakuum – haben eine sehr geringe bzw. gar keine elektrische Leitfähigkeit, d. h. einen sehr hohen bzw. unendlich hohen ohmschen Widerstand. Daher kann auch bei einer hohen elektrischen Spannung kein elektrischer Strom fließen. Ferner sei angemerkt, dass sich die spezifische elektrische Leitfähigkeit eines Materials in Abhängigkeit der angelegten Spannung ändern kann und somit beispielsweise elektrische Isolatoren bei sehr hohen Spannungen zu elektrischen Leitern werden können.

Beispiel 29:

An die Enden eines Konstantandrahts wird eine elektrische Spannung von 20,0 V angelegt. Dabei fließt ein elektrischer Strom von 0,750 A. Dann beträgt der ohmsche Widerstand des Drahts

$$R = \frac{U}{I} = \frac{20{,}0\text{V}}{0{,}750\text{A}} = 26{,}7\,\frac{\text{V}}{\text{A}} = 26{,}7\Omega.$$

3.1.5 Elektrische Arbeit und elektrische Leistung

Fließt ein elektrischer Strom, so wird im Stromkreis an einem ohmschen Widerstand elektrische Arbeit verrichtet, die in Wärme(energie) umgesetzt wird. Das ist ein Grund, warum elektrische Geräte manchmal warm werden.

In der Zeit Δt fließt dabei die Ladung ΔQ. Dann folgt mit $W_{el} = U \cdot \Delta Q$ und $\Delta Q = I \cdot \Delta t$

$$W_{el} = U \cdot I \cdot \Delta t \quad \text{(elektrische Arbeit im Stromkreis).}$$

Wie in der Mechanik kann nun die Leistung berechnet werden (vgl. Abschnitt 2.7). Für die elektrische Leistung des Stroms gilt dann

$$P_{el} = \frac{W_{el}}{\Delta t} = \frac{U \cdot I \cdot \Delta t}{\Delta t} = U \cdot I \quad \text{(elektrische Leistung).}$$

- Diese Formel ist auch zur Berechnung von *Momentanleistungen* geeignet, da bei nicht-konstanter Spannung und/oder Stromstärke einfach die Momentanwerte der Spannung bzw. Stromstärke eingesetzt werden müssen.
- *Einheit* der elektrischen Leistung: $[P_{el}] = 1\frac{\mathrm{J}}{\mathrm{s}} = 1\mathrm{VA} = 1\mathrm{W}$.
- In der Praxis wird für die (elektrische) Energie neben der SI-Einheit Joule oft die *Kilowattstunde* verwendet:

$$1\,\text{Kilowattstunde} = 1\mathrm{kWh} = 1000\frac{\mathrm{J}}{\mathrm{s}} \cdot 3600\mathrm{s} = 3{,}600 \cdot 10^6\mathrm{J}.$$

Beispiel 30:

An einem ohmschen Widerstand (100Ω) liegt eine Spannung von 200V an. Wir bestimmen die elektrische Stromstärke, die elektrische Leistung und die elektrische Arbeit, welche innerhalb von 270Minuten umgesetzt wird (in Joule und in Kilowattstunden).

Umstellen der Definition des ohmschen Widerstands nach der Stromstärke ergibt

$$I = \frac{U}{R} = \frac{200\mathrm{V}}{100\frac{\mathrm{V}}{\mathrm{A}}} = 2{,}00\mathrm{A}.$$

Die elektrische Leistung ist dann

$$P_{el} = U \cdot I = U \cdot \frac{U}{R} = \frac{U^2}{R} = \frac{(200\mathrm{V})^2}{100\frac{\mathrm{V}}{\mathrm{A}}} = 400\mathrm{VA} = 400\mathrm{W}.$$

Die elektrische Arbeit, die in 270 Minuten verrichtet wird, ist dann

$$\begin{aligned} W_{el} &= U \cdot I \cdot \Delta t = P_{el} \cdot \Delta t \\ &= 400\text{W} \cdot 270 \cdot 60\text{s} = 6480000\text{Ws} = 6480000\text{J} \\ &= \frac{6480000}{3600000}\text{kWh} = 1{,}80\text{kWh}. \end{aligned}$$

Dabei wurde ausgenutzt, dass $1\,\text{min} = 60\text{s}$ und dass $1\text{Ws} = 1\frac{\text{J}}{\text{s}}\text{s} = 1\,\text{J}$.

3.1.6 Coulomb-Kraft

Die elektrische Kraft, welche *zwei punktförmige* oder *kugelsymmetrische* Ladungen Q_1 und Q_2 wechselseitig aufeinander ausüben, wenn sie den Abstand r voneinander haben, hat den Betrag

$$F_{el} = \frac{1}{4\pi\varepsilon_0} \cdot \frac{Q_1 \cdot Q_2}{r^2} \quad (Coulomb - Kraft).$$

- Dabei ist π die Kreiszahl. $\varepsilon_0 = 8{,}85 \cdot 10^{-12}\frac{\text{C}}{\text{Vm}}$ heißt *elektrische Feldkonstante*. Dabei handelt es sich um eine *Naturkonstante*, die durch Experimente gefunden werden konnte. Der griechische (Klein-)Buchstabe ε heißt „epsilon".
- Die obige Formel ist aus verschiedenen Gründen bemerkenswert. Zum einen zeigt sie, dass die Kraft, die Ladungen aufeinander ausüben, *mit dem Abstand quadratisch abnimmt*, d. h.

  $$F_{el} \propto \frac{1}{r^2}.$$

  Zum anderen sieht man, dass wie beim Reaktionsprinzip (3. Newtonsches Axiom, Abschnitt 2.2.1) die Kräfte, die die beiden Ladungen gegenseitig aufeinander ausüben, betragsmäßig gleich sind.
  Berücksichtigt man zusätzlich die Vorzeichen der beiden Ladungen, so erkennt man, dass eine negative elektrische Feldkraft vorliegt, wenn beide Ladungen unterschiedliche Vorzeichen haben. Eine negative Kraft bedeutet hier Anziehung. Dagegen ist die elektrische Feldkraft positiv, also abstoßend, wenn beide Ladungen das gleiche Vorzeichen besitzen.

- Eine Probeladung Q_2 erfährt durch die Ladung Q_1, die sich im Abstand r von ihr befindet, das elektrische Feld

$$E = \frac{F_{el}}{Q_2} = \frac{1}{4\pi\varepsilon_0} \cdot \frac{Q_1}{r^2}.$$

Beispiel 31:

Wir betrachten zwei geladene Kugeln 1 und 2 mit $Q_1 = Q_2 = 25\,\text{nC}$.

Wir berechnen jeweils die elektrische Kraft, welche beide Kugeln aufeinander ausüben, wenn die Kugeln den Abstand $r = 10\,\text{cm}$ bzw. $r = 20\,\text{cm}$ voneinander haben.

Für $r = 10\,\text{cm}$ gilt

$$F_{el} = \frac{1}{4\pi\varepsilon_0} \cdot \frac{Q_1 \cdot Q_2}{r^2} = \frac{1}{4\pi \cdot 8{,}85 \cdot 10^{-12}\,\frac{\text{C}}{\text{Vm}}} \cdot \frac{25^2 \cdot 10^{-18}\text{C}^2}{0{,}1^2\text{m}^2}$$

$$= 5{,}6 \cdot 10^{-4}\,\frac{\text{VC}}{\text{m}} = 5{,}6 \cdot 10^{-4}\,\frac{\frac{\text{J}}{\text{C}}\text{C}}{\text{m}} = 5{,}6 \cdot 10^{-4}\,\frac{\text{Nm}}{\text{m}} = 5{,}6 \cdot 10^{-4}\text{N}.$$

Wir haben durch diese Rechnung auch gleich die zunächst ungewohnt anmutende Einheit der elektrischen Feldkonstanten bestätigt – denn das Ergebnis hat die Einheit Newton.

Die elektrische Kraft ist in diesem Fall abstoßend, da beide Ladungen das gleiche Vorzeichen (positiv) besitzen.

Die Berechnung für $r = 20\text{cm}$ kann nun verkürzt werden, denn wegen $F_{el} \propto \frac{1}{r^2}$ bedeutet eine Verdopplung des Abstands (im Vergleich zu $r = 10\text{cm}$), dass sich die elektrische Kraft um den Faktor 4 verkleinert.

3.1.7 Musteraufgabe

Musteraufgabe 9:

Ein Kügelchen der Masse 0,16 g und der Ladung 0,20nC wird in ein elektrisches Feld der Feldstärke $E = 80000\,\frac{\text{N}}{\text{C}}$ gebracht.

a) Welche Kraft und welche Beschleunigung erfährt die Kugel in diesem Feld?

b) Welche Geschwindigkeit hat es nach 3,0s erreicht, wenn es aus der Ruhe beschleunigt wird?

Lösung:

a) Gegeben: m, Q, E
Gesucht: F_{el}, a
Zur Lösung benötigen wir die Definition der elektrischen Feldstärke und das 2. Newtonsche Gesetz, also

$$E = \frac{F_{el}}{Q} undF_{el} = m \cdot a.$$

Da ein eindimensionales Problem vorliegt, können die Vektorpfeile weggelassen werden.
Wir stellen zunächst die erste Formel um und setzen die Zahlenwerte ein,

$$F_{el} = E \cdot Q = 80000 \frac{\mathrm{N}}{\mathrm{C}} \cdot 0{,}20 \cdot 10^{-9}\mathrm{C} = 1{,}6 \cdot 10^{-5}\mathrm{N}.$$

Aus der zweiten Formel folgt dann

$$a = \frac{F_{el}}{m} = \frac{E \cdot Q}{m} = \frac{1{,}6 \cdot 10^{-5}\mathrm{N}}{0{,}16 \cdot 10^{-3}\,\mathrm{kg}} = 0{,}10 \frac{\mathrm{m}}{\mathrm{s}^2}.$$

b) Aus Abschnitt 2.4.3. wissen kennen wir die Formel für die gleichmäßig beschleunigte Bewegung aus der Ruhe. Demnach gilt
$v = a \cdot t$.
Gegeben: t, a (aus Teil a))
Gesucht: v
Wir erhalten also

$$v = a \cdot t = \frac{E \cdot Q}{m} \cdot t = 0{,}10 \frac{\mathrm{m}}{\mathrm{s}^2} \cdot 3{,}0\mathrm{s} = 0{,}30 \frac{\mathrm{m}}{\mathrm{s}}.$$

3.1.8 Übungsaufgaben

Lösungen befinden sich in Anhang 1.

! Übungsaufgabe 24:

Der Betrag der Ladung eines Elektrons ist $1{,}602 \cdot 10^{-19}\mathrm{C}$. Wie viele Elektronen fließen bei einer Stromstärke von $1{,}4\,\mathrm{pA}$ in $1{,}0\,\mathrm{s}$ durch einen betrachteten Leiterquerschnitt?

Übungsaufgabe 25:

!!

a) Zeigen Sie: Die elektrische Feldstärke hat die Einheit $1\,\frac{\mathrm{V}}{\mathrm{m}}$.
Bemerkung: Diese Einheit ist in Physik und Technik gebräuchlicher als die äquivalente und von uns oben eingeführte Einheit $1\,\frac{\mathrm{N}}{\mathrm{C}}$.

b) Drücken Sie die Einheit der elektrischen Feldstärke ausschließlich durch Basiseinheiten aus.

Übungsaufgabe 26:

!!

Ein kleines elektrisch geladenes Kügelchen der Masse 0,50g hängt an einem als masselos betrachteten Faden der Länge 0,60m (vgl. Abbildung 3.3). Die Fallbeschleunigung betrage $g = 10\,\frac{\mathrm{m}}{\mathrm{s}^2}$.

a) Welchen horizontalen Ausschlag s erfährt das Kügelchen in einem elektrischen Feld der Stärke $E = 50\,\frac{\mathrm{kN}}{\mathrm{C}}$, wenn die Ladung $Q = 3{,}0\mathrm{nC}$ beträgt?

b) Nun wird die Länge des Fadens verdoppelt.
Wie groß muss nun die Ladung auf dem Kügelchen sein, damit der Ausschlag s gleich groß ist wie in Teilaufgabe a).

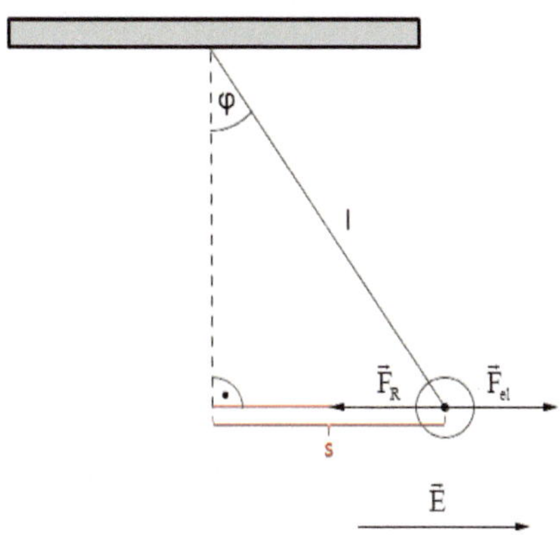

Abbildung 3.3: Zur Übungsaufgabe 26.

!! Übungsaufgabe 27:

Ein Wattestück der Masse 0,10g trägt die Ladung 120pC.

a) Dieses Wattestück wird durch eine Spannung von 85kV aus der Ruhe beschleunigt.
Welche Geschwindigkeit erreicht es?
Tipp: Verwenden Sie den Energieerhaltungssatz!

b) Das Wattestück wird nun mit der Geschwindigkeit, welches es in Teilaufgabe a) erreicht hat, in einen Raumbereich mit einem homogenen elektrischen Feld der elektrischen Feldstärke $E = 20000\,\frac{\mathrm{N}}{\mathrm{C}}$ eingeschossen, dessen Feldlinien genau senkrecht zur Eintrittsrichtung verlaufen.
Berechnen Sie jeweils die Komponenten der Geschwindigkeit in Feldrichtung bzw. senkrecht zur Feldrichtung nach einer Zeit von 250ms.

c) Wir betrachten erneut das ruhende Wattestück. Es befindet sich nun in einem homogenen elektrischen Feld, dessen Feldlinien parallel zur Gravitationskraft verlaufen und nach oben, also genau entgegengesetzt der Gravitation zeigen ($g = 10\,\frac{\mathrm{m}}{\mathrm{s}^2}$).
Wie groß ist dann die resultierende Kraft, die auf das Wattestück wirkt, wenn das elektrische Feld die elektrische Feldstärke $E = 2{,}0\,\frac{\mathrm{MN}}{\mathrm{C}}$ besitzt?
In welche Richtung zeigt sie?
Wie groß ist die Beschleunigung auf das Wattestück?

! Übungsaufgabe 28:

Ein Wasserkocher arbeitet bei einer Spannung von 230V und einer Stromstärke von 2,5A.

a) Berechnen Sie die elektrische Leistung des Wasserkochers.

b) Wie viel elektrische Arbeit (und damit welche Wärmeenergie) wird in 5,0 min umgesetzt?

c) Welche „Stromkosten“ (eigentlich: Energiekosten!) entstehen dabei, wenn man als Stromkunde 30 Cent/kWh zu zahlen hat?

Übungsaufgabe 29:

Die Kugel eines Kugelkonduktors trägt eine Ladung von 720 nC. Wie groß ist die Feldstärke im Abstand von 50 cm (vom Kugelmittelpunkt)?

3.2 Stromkreise, Reihen- und Parallelschaltung von ohmschen Widerständen

3.2.1 Stromkreise

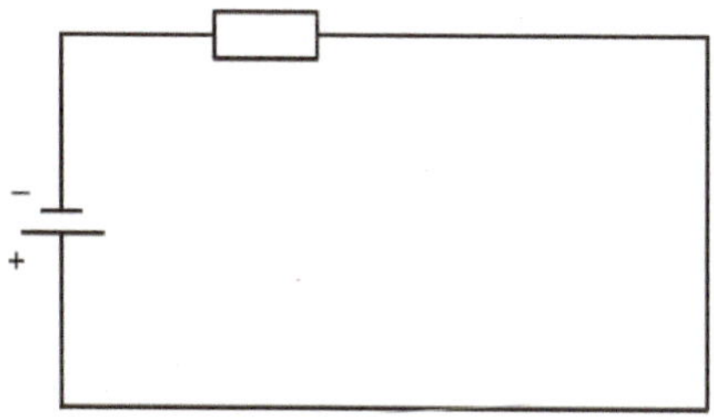

Abbildung 3.4: Zum Begriff des Stromkreises.

In Abbildung 3.4 ist ein *Stromkreis* schematisch dargestellt. Ein solcher Stromkreis besteht *im einfachsten Fall* aus einer *Spannungsquelle* und einem *ohmschen Widerstand.*

- Die Spannungsquelle wird – wie in Abbildung 3.4 dargestellt – mit einem *Plus-* und einem *Minuspol* (Elektronenmangel bzw. -überschuss) gekennzeichnet, zumindest im Falle einer *Gleichspannungsquelle.* Eine solche Spannungsquelle besitzt einen festen Plus- und einen festen Minuspol. Der Pluspol wird durch einen längeren Strich gekennzeichnet. Bei einer *Wechselspannungsquelle* vertauschen sich die Pole periodisch [1], [2]. Wir gehen in diesem Vorkurs jedoch nicht auf die Wechselstromlehre ein.
- Der *ohmsche Widerstand* wird durch ein *Rechteck* symbolisiert.
- Die Pole sowie der ohmsche Widerstand werden durch eine Linie miteinander verbunden, welche die *leitende Verbindung* (z. B. den Leiterdraht) kennzeichnen soll.

- Der Leiterdraht hat meist einen geringen Widerstand, so dass wegen

$$R_{Draht} = \frac{U}{I} \quad \text{bzw.} \quad I = \frac{U}{R_{Draht}}$$

die elektrische Stromstärke bei fester elektrischer Spannung sehr groß würde (R_{Draht} steht im Nenner), wenn nicht ein ohmscher Widerstand zugeschaltet wäre. Ist kein solcher Widerstand zugeschaltet, so spricht man von einem *Kurzschluss.* In unseren Aufgaben vernachlässigen wir, wenn nicht anders angegeben, den Widerstand des Leiterdrahts.

Man unterscheidet häufig die *technische Stromrichtung* und die *physikalische Stromrichtung*: Der *technische Strom* fließt definitionsgemäß vom Plus- zum Minuspol, während Elektronen – physikalisch gesehen – vom Minus- zum Pluspol fließen (*physikalischer Strom*).

3.2.2 Strom- und Spannungsmessung

Sollen physikalische Größen wie die *elektrische Stromstärke* oder die *elektrische Spannung* in einem Stromkreis *gemessen* werden, so müssen entsprechende *Messgeräte* zugeschaltet werden.

Ein Gerät zur Messung der Stromstärke bezeichnet man als *Ampèremeter*, ein Gerät zur Spannungsmessung als *Voltmeter*. Es stellt sich nun die Frage, wie und an welcher Stelle entsprechende Geräte zugeschaltet werden müssen, damit sie die *zu messende Größe nicht selbst beeinflussen* und verändern. Denn ein solches Messgerät wird selbst einen gewissen ohmschen Widerstand besitzen, der das Messergebnis beeinflussen kann.

Wir nehmen diese Problemstellung als Motivation dafür, uns mit der Reihen- und Parallelschaltung von ohmschen Widerständen zu befassen, um damit dann Lösung des aufgeworfenen Problems anzugehen.

3.2.3 Reihen- und Parallelschaltung ohmscher Widerstände

Gesetze der Reihenschaltung:

In Abbildung 3.5 ist die *Reihenschaltung*, auch *Hintereinanderschaltung*, einiger ohmscher Widerstände dargestellt.

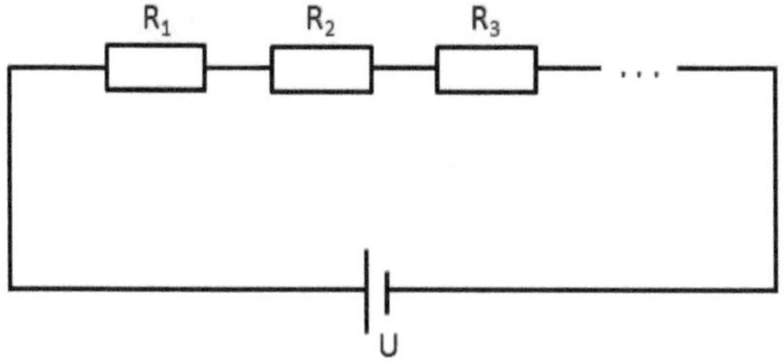

Abbildung 3.5: Zum Begriff der Reihenschaltung.

Die elektrische Stromstärke ist an jeder Stelle dieses Stromkreises gleich groß, d. h. es gilt

$$I = I_1 = I_2 = I_3 = \ldots,$$

wobei mit I_1 die elektrische Stromstärke durch den Widerstand 1 gemeint ist usw. Dies ist eine Folgerung aus der *Ladungserhaltung*, denn flössen durch die unterschiedlichen ohmschen Widerstände unterschiedlich starke Ströme, müsste diese Ladungsdifferenz pro Zeiteinheit aus zusätzlichen Spannungsquellen gespeist werden.

Die in Reihe geschalteten Widerstände lassen sich nun durch einen einzigen *Ersatzwiderstand* (auch: *Gesamtwiderstand*) R ausdrücken. Für diesen gilt

$$R = \frac{U}{I}.$$

Dabei addieren sich aus Gründen der *Energieerhaltung* die *Einzelspannungen*, die an den ohmschen Widerständen abfallen, zur *Gesamtspannung*, d. h.

$$U = U_1 + U_2 + U_3 + \ldots$$

Damit folgt

$$R = \frac{U}{I} = \frac{U_1 + U_2 + U_3 + \dots}{I}$$
$$= \frac{U_1}{I} + \frac{U_2}{I} + \frac{U_3}{I} + \dots = R_1 + R_2 + R_3 + \dots$$

Für den *Gesamtwiderstand*, auch *Ersatzwiderstand* genannt, gilt also

$$R = R_1 + R_2 + R_3 + \dots \quad (\textit{Gesamtwiderstand bei Reihenschaltung}).$$

D. h.: Die Einzelwiderstände addieren sich bei der Reihenschaltung zum Gesamtwiderstand.

Beispiel 32 (zur Reihenschaltung):

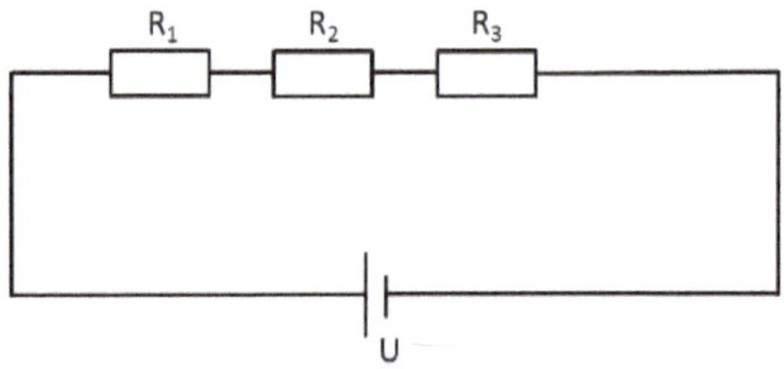

Abbildung 3.6: Zum *Beispiel 32* (Reihenschaltung).

Drei ohmsche Widerstände sind, wie in Abbildung 3.6 gezeigt, hintereinander geschaltet. Dabei ist $R_1 = 10\Omega$, $R_2 = 60\Omega$ und $R_3 = 50\Omega$. Es liegt eine Gesamtspannung von $U = 12\text{V}$ an.

Wir bestimmen den Gesamtwiderstand, die Stromstärke und die Einzelspannungen (auch Teilspannungen genannt) an den jeweiligen ohmschen Widerständen.

Der Gesamtwiderstand beträgt

$$R = R_1 + R_2 + R_3 = 120\Omega.$$

Die Stromstärke ist

$$I = I_1 = I_2 = I_3 = \frac{U}{R} = \frac{12\mathrm{V}}{120\,\Omega} = 0{,}10\frac{\mathrm{V}}{\mathrm{V/A}} = 0{,}10\mathrm{A}.$$

Die Einzelspannung, die am ersten Widerstand abfällt, berechnet sich zu

$$U_1 = R_1 \cdot I_1 = 10\,\Omega \cdot 0{,}10\mathrm{A} = 10\frac{\mathrm{V}}{\mathrm{A}} \cdot 0{,}10\mathrm{A} = 1{,}0\mathrm{V}.$$

Entsprechend folgt

$$U_2 = 6{,}0\mathrm{V} \quad \text{und} \quad U_3 = 5{,}0\mathrm{V}.$$

Als Probe: $U_1 + U_2 + U_3 = 12\mathrm{V}$ (richtig).

Gesetze der Parallelschaltung:

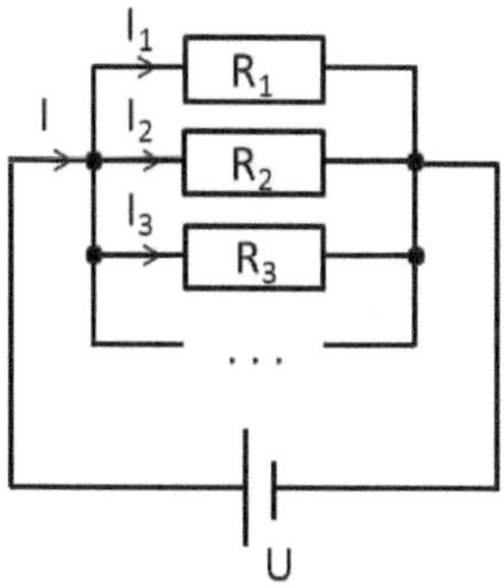

Abbildung 3.7: Zur Parallelschaltung.

Abbildung 3.7 zeigt einen Stromkreis mit mehreren *parallel* geschalteten ohmschen Widerständen. Die in der Abbildung fett markierten Punkte, an denen sich der der Stromkreis aufteilt bzw. *verzweigt*, bezeichnet man als *Knoten*.

An jedem *Knoten* teilen sich auch die elektrischen Stromstärken auf. Die Summe der in einen Knoten einfließenden Ströme ist gleich der Summe, der aus dem Knoten ausfließenden Ströme (*Ladungserhaltung*). Diese Regel bezeichnet man auch als *Knotenregel* (auch: 1. *Kirchhoffsches Gesetz*).

Man kann nun folgern:

$$I = I_1 + I_2 + I_3 + \ldots .$$

Dabei ist I_1 die elektrische Stromstärke beim Widerstand R_1 usw., I bezeichnet die *Gesamtstromstärke*.

Bei einer *Parallelschaltung* fällt an allen ohmschen Widerständen R_1, $R_2, \ldots$ die gleiche elektrische Spannung

$$U = U_1 = R_1 \cdot I_1 = U_2 = R_2 \cdot I_2 = \ldots$$

ab. Dabei ist U die *Gesamtspannung*, die die Spannungsquelle liefert. Dann gilt für die *Gesamtstromstärke*

$$I = I_1 + I_2 + I_3 + \ldots = \frac{U}{R_1} + \frac{U}{R_2} + \frac{U}{R_3} + \ldots$$

Eine Division durch U liefert

$$\frac{I}{U} = \frac{1}{R_1} + \frac{1}{R_2} + \frac{1}{R_3} + \ldots$$

Mit $R = \frac{U}{I}$ (R: *Gesamtwiderstand*; I: *Gesamtstromstärke*) erhalten wir eine Formel zur Berechnung des *Gesamtwiderstands*, nämlich

$$\frac{1}{R} = \frac{1}{R_1} + \frac{1}{R_2} + \frac{1}{R_3} + \ldots \quad (\textit{Gesamtwiderstand bei Parallelschaltung}).$$

- Man beachte, dass dies eine Formel zur Berechnung des *Kehrwerts* des *Gesamtwiderstands* ist.
- Aus der Formel folgt ferner, dass der *Gesamtwiderstand* bei der *Parallelschaltung* stets *kleiner* als der *kleinste Einzelwiderstand* ist.

Beispiel 33 (zur Parallelschaltung):

Zwei ohmsche Widerstände sind, wie in Abbildung 3.8 gezeigt, parallel geschaltet. Dabei ist $R_1 = 10\Omega, R_2 = 60\Omega$. Es liegt eine Gesamtspannung von $U = 12\text{V}$ an.

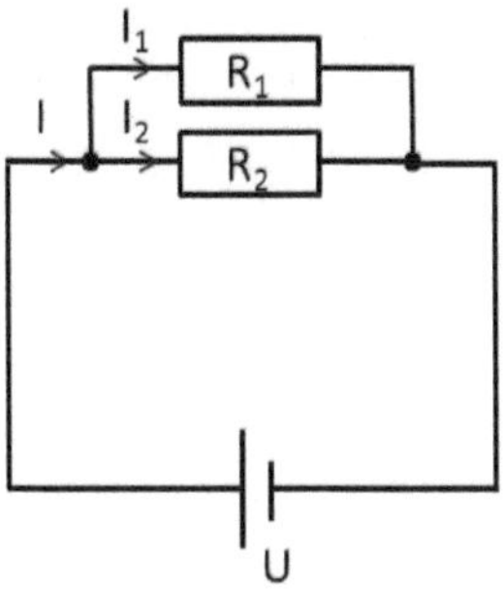

Abbildung 3.8: Zum *Beispiel 33* (Parallelschaltung).

Wir bestimmen den Gesamtwiderstand, die Gesamtstromstärke und die Einzelstromstärken an den jeweiligen ohmschen Widerständen.

Der Gesamtwiderstand berechnet sich aus

$$\frac{1}{R} = \frac{1}{R_1} + \frac{1}{R_2} = \frac{R_2 + R_1}{R_1 \cdot R_2} \quad (\textit{auf den Hauptnenner gebracht}),$$

d. h.

$$R = \frac{R_1 \cdot R_2}{R_1 + R_2} = \frac{10\Omega \cdot 60\Omega}{10\Omega + 60\Omega} = \frac{60}{7}\Omega = 8{,}6\Omega.$$

Die Gesamtstromstärke beträgt dann

$$I = \frac{U}{R} = \frac{12\text{V}}{60/7\text{V}/\text{A}} = 1{,}4\text{A}.$$

Die Einzelstromstärken berechnen sich zu

$$I_1 = \frac{U}{R_1} = \frac{12\text{V}}{10\text{V}/\text{A}} = 1{,}2\text{A} \quad \text{und} \quad I_2 = \frac{U}{R_2} = \frac{12\text{V}}{60\text{V}/\text{A}} = 0{,}2\text{A}.$$

Probe: Beide Einzelstromstärken addieren sich zur korrekten Gesamtstromstärke von 1,4A.

Strommessung:

Wir können nun nochmals auf die Strom- und Spannungsmessung zurückkommen. Zunächst betrachten wir die Messung der elektrischen Stromstärke. Ein *Ampèremeter*, welches zur *Strommessung* herangezogen wird, wird *in Reihe* zum ohmschen Widerstand bzw. zum Gerät, an welchem die elektrische Stromstärke gemessen werden soll, geschaltet (vgl. Abbildung 3.9). Durch das Ampèremeter *und* durch den zu untersuchenden Widerstand fließt ein *Strom gleicher Stärke*.

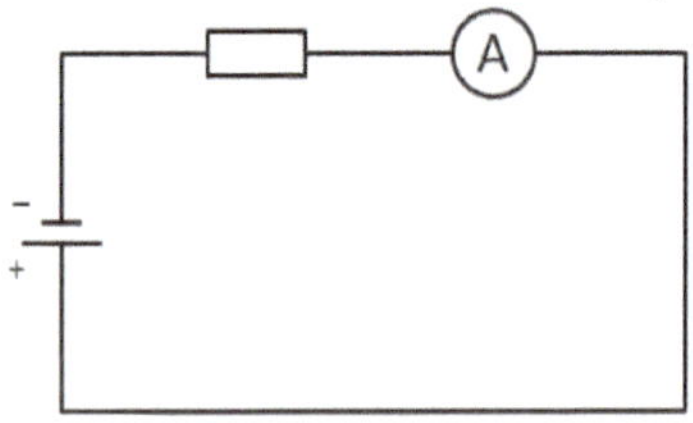

Abbildung 3.9: Zur Strommessung.

Spannungsmessung:

Ein *Voltmeter*, welches zur *Spannungsmessung* herangezogen wird, wird *parallel* zum ohmschen Widerstand bzw. zum Gerät, an welchem die elektrische Spannung gemessen werden soll, geschaltet (vgl. Abbildung 3.10). Am Voltmeter *und* am zu untersuchenden Widerstand liegt dann die *gleiche Spannung* an.

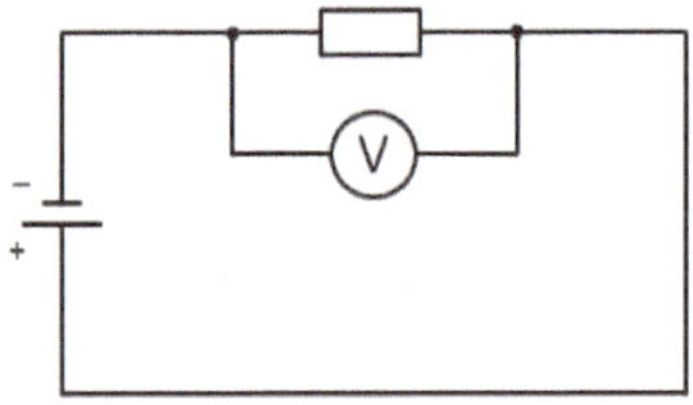

Abbildung 3.10: Zur Spannungsmessung.

3.2.4 Musteraufgabe

Musteraufgabe 10:

Abbildung 3.11 zeigt einen Stromkreis mit vier ohmschen Widerständen und einer Spannungsquelle. Die Werte der einzelnen Widerstände betragen $R_1 = 20\Omega$, $R_2 = 160\Omega$, $R_3 = 60\Omega$ und $R_4 = 100\Omega$. Die Spannungsquelle liefert eine Spannung von $U = 6{,}0\text{V}$.

a) Ermitteln Sie den Gesamtwiderstand.
b) Berechnen Sie für alle Einzelwiderstände die zugehörigen Spannungen und Stromstärken.

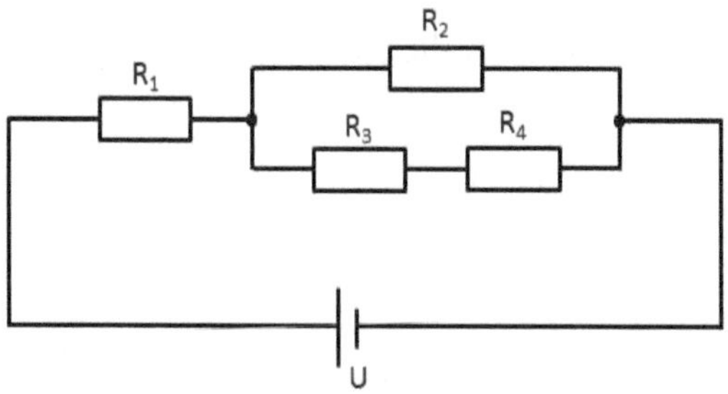

Abbildung 3.11: Zur *Musteraufgabe 10.*

Lösung:

a) Gegeben: Werte aller ohmschen Widerstände
Gesucht: Gesamtwiderstand
Bei der vorliegenden Schaltung liegt eine Kombination aus Reihen- und Parallelschaltungen vor. Die Widerstände 3 und 4 sind in Reihe geschaltet und liegen parallel zu Widerstand 2. Sie bilden einen Teilwiderstand R_{234}, der sich aus

$$\frac{1}{R_{234}} = \frac{1}{R_2} + \frac{1}{R_3 + R_4}$$

berechnet. Es folgt dann

$$R_{234} = \frac{R_2 \cdot (R_3 + R_4)}{R_2 + R_3 + R_4}.$$

Dieser Teilwiderstand ist in Reihe mit Widerstand 1 geschaltet, d. h. der Gesamtwiderstand beträgt

$$R = R_1 + R_{234} = R_1 + \frac{R_2 \cdot (R_3 + R_4)}{R_2 + R_3 + R_4}.$$

Durch Einsetzen der Werte ergibt sich

$$R = 20\Omega + \frac{160\Omega \cdot (60 + 100)\Omega}{(160 + 60 + 100)\Omega} = 100\Omega.$$

b) Gegeben: Werte aller ohmschen Widerstände, Gesamtspannung
Gesucht: Einzelspannungen, Einzelstromstärken
Wir berechnen zunächst die Gesamtstromstärke. Sie beträgt

$$I = \frac{U}{R} = \frac{6{,}0\text{V}}{100\text{V/A}} = 0{,}060\text{A} = 60\text{mA}$$

Diese Stromstärke entspricht auch gerade der Stromstärke durch Widerstand 1, d. h. $I_1 = 60\text{mA}$. Dann ist

$$\begin{aligned} U_1 &= R_1 \cdot I_1 = 20\Omega \cdot 0{,}060\text{A} \\ &= 20\frac{\text{V}}{\text{A}} \cdot 0{,}060\text{A} = 1{,}2\text{V}. \end{aligned}$$

Für die weiteren Einzelspannungen gilt $U_2 = U_3 + U_4 = U_{234}$ (Parallelschaltung von Widerstand 2 mit den Widerständen 3 und 4) sowie $U = U_1 + U_2$ (Reihenschaltung von Widerstand 1 mit dem Teilwiderstand 234).
Dann ist

$$U_2 = U - U_1 = 6{,}0\text{V} - 1{,}2\text{V} = 4{,}8\text{V}$$

und

$$I_2 = \frac{U_2}{R_2} = \frac{4{,}8V}{160\text{V/A}} = 0{,}030\text{A} = 30\text{mA}.$$

Weiterhin gilt $I_3 = I_4$ (in Reihe geschaltet) sowie $I_1 = I = I_2 + I_3$ (Parallelschaltung). Dann ist also

$$I_3 = I_4 = I - I_2 = (60 - 30)\text{mA} = 30\text{mA}.$$

Damit ist schließlich

$$U_3 = R_3 \cdot I_3 = 60\Omega \cdot 0{,}030\text{A} = 1{,}8V$$

und

$$U_4 = R_4 \cdot I_4 = 100\Omega \cdot 0{,}030\text{A} = 3{,}0V.$$

3.2.5 Übungsaufgaben

Lösungen befinden sich in Anhang 1.

Übungsaufgabe 30: !!

Zwei Glühlampen sind auf eine Nennspannung von 6,0V ausgelegt. Sie werden nun bei dieser Spannung parallel geschaltet, wobei durch eine Lampe ein elektrischer Strom der Stärke 0,10A, durch die andere Lampe ein elektrischer Strom der Stärke 0,20A fließt.

a) Bestimmen Sie den Gesamtwiderstand.
b) Mit dieser Anordnung wird nun eine dritte Lampe mit Nennspannung 6,0V bei 0,30A in Reihe geschaltet. Die Gesamtspannung wird nun auf 15V erhöht. Berechnen Sie Spannungen und Stromstärken an den drei Lampen und vergleichen Sie mit den Nennwerten.

Übungsaufgabe 31: !!

Berechnen Sie jeweils die Gesamtwiderstände der dargestellten Schaltungen.

a)

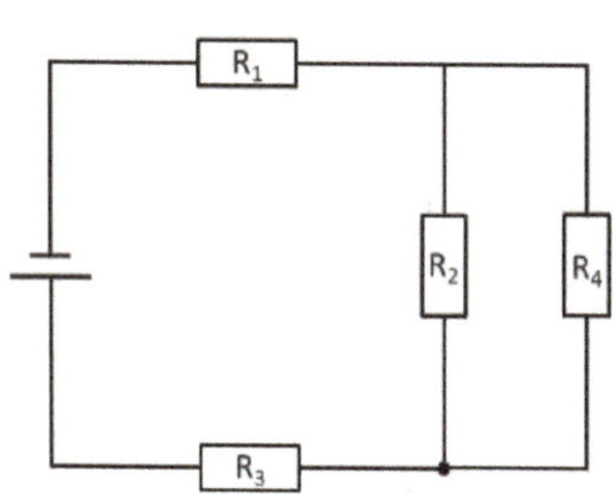

b)

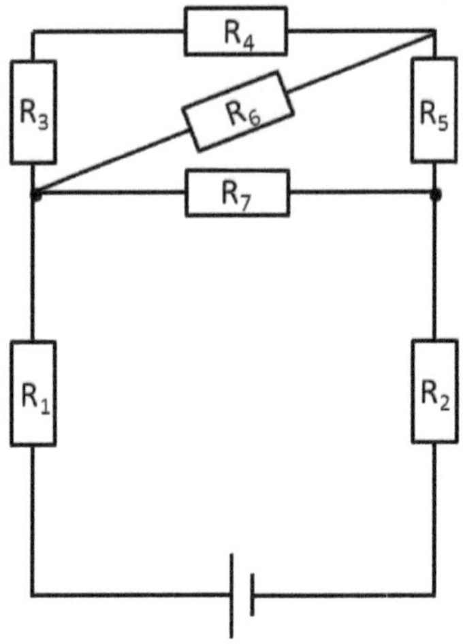

3.3 Kondensator und Kapazität

3.3.1 Grundbegriffe

Kondensator:

In Abschnitt 3.1.2 hatten wir uns unter anderem mit dem elektrischen Feld, das zwischen zwei entgegengesetzt geladenen Metallplatten herrscht, befasst. Zwei solch ebene Metallplatten, die einen bestimmten Abstand zueinander besitzen und aufgeladen werden können, bezeichnet man als *Plattenkondensator.*

Allgemeiner bezeichnet man ein Bauelement, welches (getrennte) *elektrische Ladung* und damit elektrische Energie *speichern* kann, als *Kondensator.*

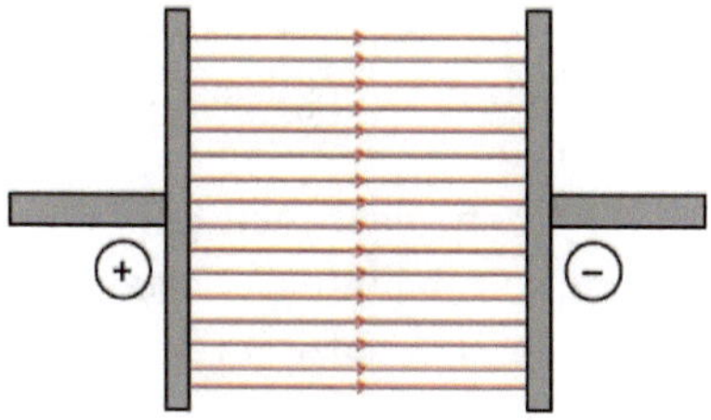

Abbildung 3.12: Plattenkondensator mit einer positiv und einer negativ geladenen Platte und dem dazugehörigen elektrischen Feld.

Wir betrachten nun einen geladenen Plattenkondensator wie in Abbildung 3.12 dargestellt. Eine Platte trägt die Ladung $+Q$, die andere die Ladung $-Q$. Im Innenraum zwischen den Platten entsteht dann in guter Näherung ein *homogenes* elektrisches Feld.

Liegt zwischen den beiden Kondensatorplatten die Spannung U an, so gilt laut den Betrachtungen in Abschnitt 3.1.2 (Vertiefung zu Beispiel 27) für den *Betrag der elektrischen Feldstärke*

$$E = \frac{U}{d} \quad (\textit{elektrische Feldstärke beim Plattenkondensator}).$$

Dabei ist d der Plattenabstand.

Kapazität:

Führt man an einem solchen Kondensator Ladungsmessungen durch und trägt die Messergebnisse in Abhängigkeit der angelegten Spannung auf, so stellt man fest, dass die *Ladung zur angelegten Spannung proportional* ist,

$Q \propto U.$

Die *Proportionalitätskonstante* bezeichnet man als *Kapazität C* des Kondensators. Es gilt also

$$C = \frac{Q}{U} \quad (\textit{Definition der } \text{Kapazität } \textit{eines Kondensators}).$$

- *Einheit* der Kapazität: $[C] = 1\frac{\mathrm{C}}{\mathrm{V}} = 1\mathrm{Farad} = 1\mathrm{F}$.
  Die Einheit wurde nach dem englischen Physiker *Michael Faraday* (1791 – 1867) benannt.
- Die Kapazität ist für einen gegebenen Kondensator in der Regel eine feste Größe, d. h. eine so genannte *Gerätekonstante.* Allerdings gibt es auch Kondensatoren, deren Kapazität variabel in bestimmten Grenzen eingestellt werden kann.
- Beim *Plattenkondensator* kann die *Kapazität* im Wesentlichen aus den einfachen *geometrischen Abmessungen* des Geräts bestimmt werden. Es gilt nämlich

$$C = \varepsilon_0 \cdot \frac{A}{d}$$ *(Kapazität eines Plattenkondensators, Vakuum zwischen den Platten).*

- Dabei ist ε_0 die *elektrische Feldkonstante,* die wir bereits in Abschnitt 3.1.6 kennengelernt haben. A ist die Fläche einer Kondensatorplatte und d ist der Plattenabstand.

Vertiefung:

Die obige Formel gilt allerdings nur, wenn sich zwischen den Kondensatorplatten ein *Vakuum* befindet. In guter Näherung gilt sie auch, wenn sich *Luft* zwischen den Platten befindet. In der Technik wird oft auch ein so genanntes *Dielektrikum* zwischen die Platten eingebracht. Ein solcher Stoff ist ein elektrischer *Isolator,* dessen Teilchen durch das elektrische Feld im Kondensator teilweise polarisiert werden (siehe Abbildung 3.13).

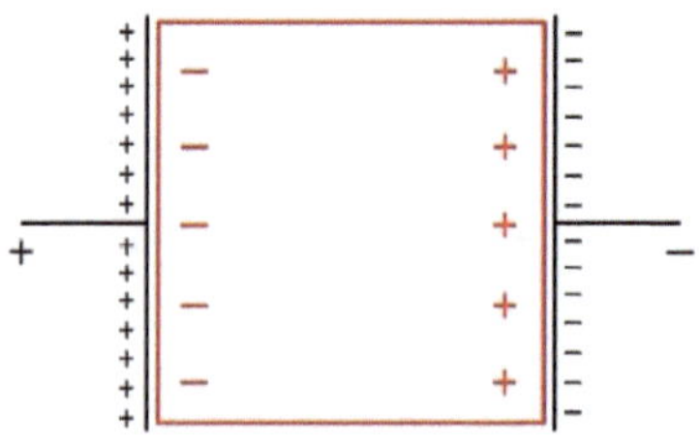

Abbildung 3.13: Plattenkondensator mit eingeführtem Dielektrikum.

Das bedeutet, dass sich aufgrund der Ladungen auf den Platten (und des resultierenden elektrischen Feldes) im Dielektrikum Ladungen verschieben und so ein Gegenfeld aufbauen. Allerdings stellt sich hier ein statisches Gleichgewicht ein, d.h. die Ladungen im Dielektrikum verschieben sich zwar, es fließt aber kein Strom – denn es handelt sich um einen elektrischen Isolator. Wie stark diese Polarisation ist, hängt von den Stoffeigenschaften des Dielektrikums ab.

Ein Dielektrikum *erhöht* die Kapazität eines Kondensators um den vom Stoff abhängigen Faktor ε_r, genannt *Dielektrizitätszahl*. Denn um eine im Vergleich zum im Vakuum stehenden Kondensator gleich große Spannung zu erzeugen, muss auf den Kondensatorplatten nun eine höhere Ladung vorliegen, da diese durch die Polarisation des Dielektrikums teilweise kompensiert wird.

Wegen $C = \frac{Q}{U}$ steigt also die Kapazität.

Ausgedrückt durch die geometrischen und stofflichen Größen gilt nun mit den obigen Betrachtungen

$$C = \varepsilon_0 \cdot \varepsilon_r \cdot \frac{A}{d}$$

(*Kapazität eines Plattenkondensators, Dielektrikum zwischen den Platten*).

Ein solches Dielektrikum kann z.B. eine Glasplatte sein, die man in den Kondensator schiebt. Im Vakuum gilt $\varepsilon_r = 1$, für Luft ist ε_r etwas größer als Eins.

Weitere Beispiele für Dielektrika: Paraffin ($\varepsilon_r = 2{,}2$); Wasser ($\varepsilon_r \approx 80$, je nach Temperatur).

Beispiel 34:

Ein Kondensator besitzt quadratische Platten der Kantenlänge 20,0cm. Der Plattenabstand beträgt 10,0cm.

a) Wir berechnen seine Kapazität im Vakuum und im Falle, dass der Raum zwischen den Platten ganz mit Öl ($\varepsilon_r = 2{,}00$) ausgefüllt ist.
b) Außerdem berechnen wir für beide Fälle den Betrag der auf jeder Platte liegenden Ladung, falls eine Spannung von 100V anliegt.

Lösung:

a) Im Vakuum gilt mit $\varepsilon_r = 1{,}00$

$$C = \varepsilon_0 \cdot \varepsilon_r \cdot \frac{A}{d} = 8{,}85 \cdot 10^{-12} \frac{\mathrm{C}}{\mathrm{Vm}} \cdot 1 \cdot \frac{0{,}200 \cdot 0{,}200\mathrm{m}^2}{0{,}100\mathrm{m}}$$
$$= 3{,}54 \cdot 10^{-12} \frac{\mathrm{C}}{\mathrm{V}} = 3{,}54\mathrm{pF}.$$

Im Falle von Öl als Dielektrikum zwischen den Platten verdoppelt sich die Kapazität, da $\varepsilon_r = 2{,}00$.

b) Es gilt $Q = C \cdot U$. Im Vakuum ist dann

$$Q = 3{,}54 \cdot 10^{-12} \frac{\mathrm{C}}{\mathrm{V}} \cdot 100\mathrm{V} = 3{,}54 \cdot 10^{-10}\mathrm{C} = 354\mathrm{pC}$$

und mit Öl folgt

$$Q = 7{,}08 \cdot 10^{-12} \frac{\mathrm{C}}{\mathrm{V}} \cdot 100\mathrm{V} = 7{,}08 \cdot 10^{-10}\mathrm{C} = 708\mathrm{pC}.$$

Energie des elektrischen Felds im Plattenkondensator:

In Abschnitt 3.1.2 hatten wir festgestellt, dass beim Trennen von Ladung, also beispielsweise von entgegengesetzt geladenen Metallplatten, elektrische Arbeit verrichtet werden muss. Diese wird dann als Energie des elektrischen Feldes gespeichert. Wir wollen diese elektrische Feldenergie mit W_{el} bezeichnen (also mit dem gleichen Symbol wie die elektrische Arbeit). Für einen Plattenkondensator, an dem die Spannung U anliegt, findet man dann die Formel

$$W_{el} = \frac{1}{2} C \cdot U^2.$$

Wir verzichten hier auf eine Herleitung und verweisen hierfür z. B. auf [1].

Beispiel 35:

Im elektrischen Feld eines Kondensators der Kapazität 3,50pF ist bei einer Spannung von 100V eine elektrische Feldenergie von

$$W_{el} = \frac{1}{2} C \cdot U^2 = \frac{1}{2} \cdot 3{,}50 \cdot 10^{-12} \frac{\mathrm{C}}{\mathrm{V}} \cdot 100^2 \mathrm{V}^2$$
$$= 17{,}5 \cdot 10^{-9} \mathrm{CV} = 17{,}5 \mathrm{nJ}$$

gespeichert.

Reihenschaltung von Kondensatoren:

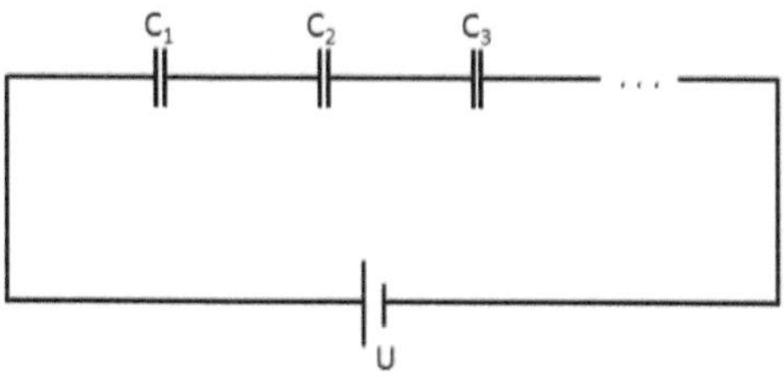

Abbildung 3.14: Zur Reihenschaltung von Kondensatoren.

Wir betrachten nun die *Reihenschaltung* beliebig vieler Kondensatoren, die die Kapazitäten C_1, C_2, C_3, … besitzen (vgl. Abbildung 3.14). Liegt an der Spannungsquelle eine konstante Spannung U an, so stellt sich nach dem Ladevorgang bei *allen* Kondensatoren die *gleiche* Ladung ein – ansonsten würde weiterhin ein Strom fließen. Es gilt also

$$Q = Q_1 = Q_2 = Q_3 = \ldots$$

Wie bei der Reihenschaltung ohmscher Widerstände (Abschnitt 3.2.3) *addieren* sich die *Einzelspannungen* an den Kondensatoren zur *Gesamtspannung*, d. h.

$$U = U_1 + U_2 + U_3 + \ldots$$

Mit $U = \frac{Q}{C}$ folgt dann

$$\frac{Q}{C} = \frac{Q_1}{C_1} + \frac{Q_2}{C_2} + \frac{Q_3}{C_3} + \ldots = \frac{Q}{C_1} + \frac{Q}{C_2} + \frac{Q}{C_3} + \ldots$$

Dabei ist C die *Gesamtkapazität*. Die Division durch Q führt dann auf

$$\frac{1}{C} = \frac{1}{C_1} + \frac{1}{C_2} + \frac{1}{C_3} + \ldots$$ *(Formel zur Berechnung der Gesamtkapazität bei Reihenschaltung).*

Beispiel 36:

Drei Kondensatoren der Kapazitäten 3,5pF, 7,0pF und 10,5pF werden in Reihe geschaltet. Die Gesamtkapazität berechnet sich dann aus

$$\frac{1}{C} = \frac{1}{C_1} + \frac{1}{C_2} + \frac{1}{C_3} = \frac{C_2 \cdot C_3 + C_1 \cdot C_3 + C_1 \cdot C_2}{C_1 \cdot C_2 \cdot C_3},$$

also

$$\begin{aligned} C &= \frac{C_1 \cdot C_2 \cdot C_3}{C_2 \cdot C_3 + C_1 \cdot C_3 + C_1 \cdot C_2} \\ &= \frac{3{,}5 \cdot 7{,}0 \cdot 10{,}5\text{pF}^3}{(7{,}0 \cdot 10{,}5 + 3{,}5 \cdot 10{,}5 + 3{,}5 \cdot 7{,}0)\text{pF}^2} = 1{,}9\text{pF}. \end{aligned}$$

Parallelschaltung von Kondensatoren:

Bei der *Parallelschaltung* von Kondensatoren (vgl. Abbildung 3.15) liegt – wie bei der Parallelschaltung ohmscher Widerstände (Abschnitt 3.2.3) an allen Kondensatoren die *gleiche Spannung* U an, d. h.

$$U = U_1 = U_2 = U_3 = \ldots$$

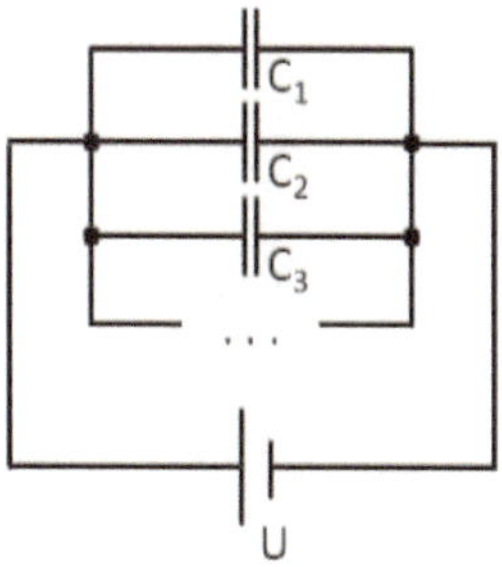

Abbildung 3.15: Zur Parallelschaltung von Kondensatoren.

Dagegen *addieren* sich die *Einzelladungen* der Kondensatoren zur *Gesamtladung* Q. Es gilt also

$$Q = Q_1 + Q_2 + Q_3 + \ldots$$

Mit $Q = C \cdot U$ folgt

$$C \cdot U = C_1 \cdot U_1 + C_2 \cdot U_2 + C_3 \cdot U_3 + \ldots = C_1 \cdot U + C_2 \cdot U + C_3 \cdot U + \ldots$$

Division durch U ergibt dann

$$C = C_1 + C_2 + C_3 + \ldots$$ (*Formel zur Berechnung der Gesamtkapazität bei Parallelschaltung*).

Beispiel 37:

Drei Kondensatoren der Kapazitäten 3,5pF, 7,0pF und 10,5pF werden parallel geschaltet. Die Gesamtkapazität berechnet sich dann aus

$$C = C_1 + C_2 + C_3 = 21\text{pF}.$$

3.3.2 Musteraufgabe

Musteraufgabe 11:

Zwischen die Platten eines Plattenkondensators wird eine Kunststoffscheibe (Dielektrikum,$\varepsilon_{r,D} = 2{,}5$) der Dicke 8,0cm eingebracht. Der Plattenabstand sei 20cm, das Dielektrikum sei symmetrisch zu beiden Kondensatorplatten platziert, in den Zwischenräumen befindet sich Luft $\varepsilon_{r,L} = 1{,}0$. Die Plattenfläche betrage 500cm^2.

a) Wie groß ist die Kapazität dieser Anordnung?
b) Welche elektrische Energie ist bei einer Spannung von 3,0kV gespeichert?

Lösung:

a) Gegeben: A, d (Plattenabstand), d_D (Dicke des Dielektrikums aus Kunststoff), damit auch d_L (Dicke der Luftschicht im linken bzw. rechten Zwischenraum), ε_r von Luft und Kunststoff
Gesucht: C
Die in der Aufgabe beschriebene Anordnung kann als *Reihenschaltung dreier Kondensatoren* aufgefasst werden. Zwischen der linken Kondensatorplatte und dem Dielektrikum befindet sich eine $\mathrm{d_L} = 6{,}0\text{cm}$ dicke Luftschicht. Die linke Kondensatorplatte und die linke Fläche des Dielektrikums einschließlich des linken Zwischenraums bilden den ersten Kondensator. Das eingeschobene Dielektrikum bildet den zweiten Kondensator. Und die rechte Fläche des Dielektrikums bildet mit der rechten Kondensatorfläche inklusive des rechten Zwischenraums (6,0cm) den dritten Kondensator.
Dann gilt

$$C_1 = C_3 = \varepsilon_0 \cdot \varepsilon_{r,L} \cdot \frac{A}{d_L}$$
$$= 8{,}85 \cdot 10^{-12}\,\frac{\mathrm{C}}{\mathrm{Vm}} \cdot 1 \cdot \frac{500\mathrm{cm}^2}{6\mathrm{cm}} = 7{,}4 \cdot 10^{-12}\mathrm{F} = 7{,}4\mathrm{pF}.$$

Entsprechend ist

$$C_2 = \varepsilon_0 \cdot \varepsilon_{r,D} \cdot \frac{A}{d_D}$$
$$= 8{,}85 \cdot 10^{-12}\,\frac{\mathrm{C}}{\mathrm{Vm}} \cdot 2{,}5 \cdot \frac{500\mathrm{cm}^2}{8\mathrm{cm}} = 13{,}8\mathrm{pF}.$$

Die Gesamtkapazität berechnet sich dann wie im Beispiel 36 zur Reihenschaltung von Kondensatoren zu

$$C = \frac{C_1 \cdot C_2 \cdot C_3}{C_2 \cdot C_3 + C_1 \cdot C_3 + C_1 \cdot C_2}$$

$$= \frac{7{,}4 \cdot 13{,}8 \cdot 7{,}4\text{pF}^3}{(13{,}8 \cdot 7{,}4 + 7{,}4 \cdot 7{,}4 + 7{,}4 \cdot 13{,}8)\text{pF}^2} = 2{,}9\text{pF}.$$

b) Gegeben: C (aus a)), U
Gesucht: W_{el}

$$W_{el} = \frac{1}{2} C \cdot U^2 = \frac{1}{2} \cdot 2{,}9 \cdot 10^{-12} \frac{\text{C}}{\text{V}} \cdot 3000^2\text{V}^2 = 13 \cdot 10^{-6}\text{J}.$$

3.3.3 Übungsaufgaben

Lösungen befinden sich in Anhang 1.

Übungsaufgabe 32: !!!

Ein Plattenkondensator besteht aus zwei quadratischen Platten der Seitenlänge 12cm mit dem Plattenabstand 40mm. Die Platten werden mit einer Spannungsquelle verbunden ($U = 400$V) und damit aufgeladen.

a) Berechnen Sie die Kapazität, die Ladung, die elektrische Feldstärke und die im Kondensator gespeicherte elektrische Energie des Kondensators mit Luft als Dielektrikum ($\varepsilon_{r,L} = 1{,}0$).
b) Nach dem Aufladen des Kondensators wird die Spannungsquelle abgetrennt, dann wird Wasser ein Dielektrikum eingebracht ($\varepsilon_{r,D} = 3{,}0$). Wie verändern sich dadurch jeweils die elektrische Ladung und die elektrische Spannung?
c) Derselbe Kondensator, mit Luft gefüllt, wird wieder mit $U = 400$V aufgeladen, dann von der Spannungsquelle abgetrennt und zur Spannungsmessung an ein Elektroskop angeschlossen. Dieses zeigt aber nur 320V an. Erklären Sie zunächst diesen Effekt. Berechnen Sie dann die Kapazität des Elektroskops.
d) Die Kondensatorplatten stehen senkrecht und sind wieder eine Spannungsquelle angeschlossen. Zwischen den Platten hängt an einem dünnen Faden ein elektrisch geladenes Kügelchen, welches durch das elektrische Feld im Kondensator ausgelenkt wird (vgl.

Abschnitt 3.1.8, *Übungsaufgabe 26*). Der Kondensator bleibt an der Spannungsquelle angeschlossen. Der Plattenabstand wird nun vergrößert. Beschreiben Sie in Worten, wie sich nun die Auslenkung des Kügelchens ändert und begründen Sie Ihre Antwort kurz.

!! **Übungsaufgabe 33:**

Drei Kondensatoren von je 10nF kann man auf vier verschiedene Arten zusammenschalten.

a) Wie groß ist jeweils die Gesamtkapazität?
b) Welche Spannung liegt an jedem einzelnen Kondensator an, wenn die Gesamtspannung $U = 300V$ beträgt?

3.4 Magnetfelder, magnetische Flussdichte und Lorentzkraft

3.4.1 Magnetismus und Magnetfelder

Wir behandeln den *Magnetismus* in diesem Buch nur relativ knapp. Für den Einstieg ins Studium genügt hier in der Regel ein überschaubares Grundwissen.

- *Magnete* besitzen stets *zwei Pole*, einen *Nordpol* (wird in Physik und Technik *rot* gekennzeichnet) und einen *Südpol* (wird *grün* gekennzeichnet).
- Magnete sind stets von einem *Magnetfeld* umgeben, wobei die *magnetischen Feldlinien vom Nord- zum Südpol* verlaufen.

Interessant ist, dass *Elektrizität* und *Magnetismus* untrennbar miteinander *zusammenhängen*, man spricht auch vom *Elektromagnetismus*. Dies soll in den folgenden Abschnitten zumindest in Ansätzen erkennbar werden.

3.4.2 Magnetische Flussdichte, Magnetfeld eines stromdurchflossenen Leiters

Magnetische Flussdichte:

- Steht ein vom *elektrischen Strom I* durchflossener *Leiter* der Länge s *senkrecht* zu den *Feldlinien* eines Magnetfeldes, so erfährt er eine Kraft $\vec{F}$ mit Betrag F. Der Betrag der *magnetischen Flussdichte* $\vec{B}$ ist dann durch

$$B = \frac{F}{I \cdot s} \quad (\textit{magnetische Flussdichte}).$$

  definiert.
- *Einheit* der magnetischen Flussdichte: $[B] = 1\,\frac{\mathrm{N}}{\mathrm{Am}} = 1\,\mathrm{Tesla} = 1\,\mathrm{T}$.
- Die magnetische Flussdichte ist ein Maß für die Stärke eines Magnetfeldes. Sie ist eine vektorielle Größe, wobei der Vektor stets in Richtung der Feldlinien zeigt.

Beispiel 38:

Durch einen Leiterdraht der Länge 10cm fließt ein elektrischer Strom der Stärke 2,0A. Der Draht befindet sich in einem homogenen Magnetfeld mit magnetischer Flussdichte 1,0mT, dessen Feldlinien senkrecht zum Draht stehen. Dann wirkt auf ihn die Kraft

$$F = B \cdot I \cdot s = 10^{-3}\,\frac{N}{\mathrm{A\,m}} \cdot 2{,}0\mathrm{A} \cdot 0{,}10\mathrm{m} = 2{,}0 \cdot 10^{-4} N.$$

Magnetfeld eines stromdurchflossenen Leiters:

Fließt durch einen (geradlinigen) *Leiter* ein *elektrischer Strom* der Stärke I, so entsteht um den Leiter herum ein *radialsymmetrisches Magnetfeld* (vgl. auch Abbildung 3.16).

- Das bedeutet, dass die Stärke des Magnetfeldes nur vom Abstand vom Leiter abhängt.

- Die Ermittlung der Richtung des so entstehenden Magnetfeldes kann anschaulich nach der „*Korkenzieherregel*“ erfolgen, vgl. z. B. [2].

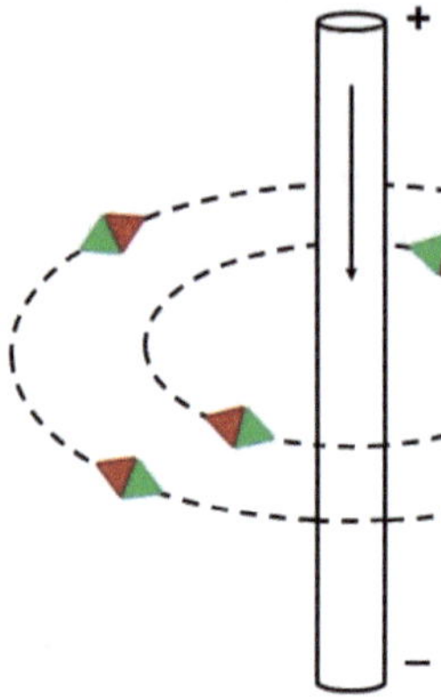

Abbildung 3.16: Magnetfeld eines stromdurchflossenen Leiters. Die magnetischen Feldlinien sind durch die gestrichelten Kreislinien dargestellt. Die Richtung ist durch die Farben Schwarz (Nordpol) und Grau (Südpol) dargestellt. Man beachte, dass hier die Richtung des technischen Stroms (von + nach –) eingezeichnet ist.

- Für den Betrag der magnetischen Flussdichte im Abstand r vom Leiterdraht gilt die Formel

$$B = \frac{\mu_0}{2\pi} \cdot \frac{I}{r}.$$

Dabei ist $\mu_0 = 4\pi \cdot 10^{-7}\,\frac{\mathrm{N}}{\mathrm{A}^2}$ die *magnetische Feldkonstante*, es handelt sich hierbei um eine *Naturkonstante*. Man beachte bei der dargestellten Form, dass die magnetische Flussdichte eines stromdurchflossenen Leiters *mit dem Abstand abnimmt* ($\propto \frac{1}{r}$) und *proportional zur elektrischen Stromstärke zunimmt.*

Beispiel 39:

Durch einen Leiterdraht fließt ein elektrischer Strom der Stärke 2,0A. Im Abstand von 30cm vom Leiter beträgt dann die magnetische Flussdichte

$$B = \frac{\mu_0}{2\pi} \cdot \frac{I}{r} = \frac{4\pi \cdot 10^{-7} \frac{\mathrm{N}}{\mathrm{A}^2}}{2\pi} \cdot \frac{2{,}0\mathrm{A}}{0{,}30\mathrm{m}}$$
$$= 1{,}3 \cdot 10^{-6} \frac{\mathrm{N}}{\mathrm{Am}} = 1{,}3 \cdot 10^{-6}\mathrm{T}.$$

3.4.3 Lorentzkraft

- *Ladungen*, die sich mit einer Geschwindigkeitskomponente v_s *senkrecht* zu *magnetischen Feldlinien* bewegen, erfahren eine so genannte *Lorentzkraft* $\vec{F}_L$.
- Die Richtung der Ablenkung, die bewegte Ladungen aufgrund dieser Lorentzkraft erfahren, lässt sich mittels der *Dreifingerregel*, auch *Rechte-Hand-Regel* genannt, ermitteln (vgl. Abbildung 3.17).

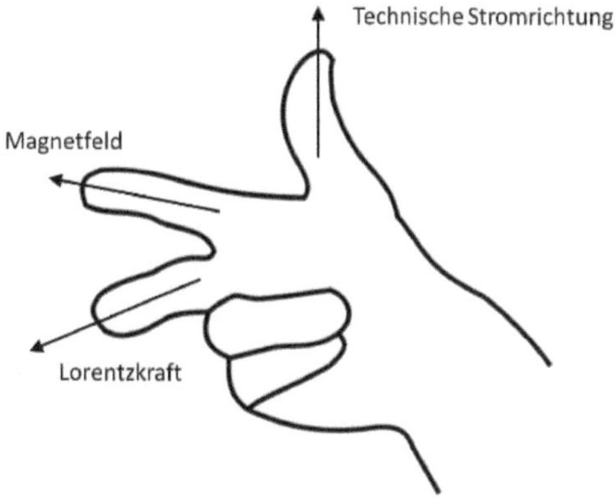

Abbildung 3.17: Dreifingerregel zur Ermittlung der Richtung der Lorentzkraft.

- *Vorsicht*: Mit der *Bewegungsrichtung* ist hier die zum *Magnetfeld senkrechte* Komponente der Bewegungsrichtung des *technischen Stroms*, also *positiver Ladungen* gemeint. Das ist die Richtung der Geschwindigkeitskomponente v_s. Bewegen sich *Elektronen* (oder allgemein *negative Ladungen*) im Magnetfels, so zeigt der Daumen gerade in die entgegengesetzte Richtung der Elektronenbewegung!

- Die Lorentzkraft steht *senkrecht* auf der *Richtung* von v_s *und* der *Richtung* der *Feldlinien* des Magnetfelds.
- Für den Betrag der Lorentzkraft in einem Magnetfeld der magnetischen Flussdichte B gilt für ein geladenes Teilchen mit Ladung Q

$$F_L = Q \cdot B \cdot v_s \quad (\textit{Lorentzkraft}).$$

Beispiel 40:

Ein Proton ($Q = e = 1{,}602 \cdot 10^{-19}$C) bewegt sich mit einer Geschwindigkeit von 20000km/h senkrecht durch ein Magnetfeld der Stärke 1,0T. Es erfährt dann die Lorentzkraft

$$\begin{aligned} F_L &= Q \cdot B \cdot v_s \\ &= 1{,}602 \cdot 10^{-19}\mathrm{C} \cdot 1{,}0 \frac{\mathrm{N}}{\mathrm{Am}} \cdot \frac{20000}{3{,}6} \frac{\mathrm{m}}{\mathrm{s}} = 8{,}9 \cdot 10^{-16}\mathrm{N}. \end{aligned}$$

Dabei wurde beim Kürzen der Einheiten die Beziehung $1\,\mathrm{C} = 1\,\mathrm{As}$ verwendet.

3.4.4 Übungsaufgabe

Übungsaufgabe 34:

Ein 5,0cm langes Drahtstück wird von einem elektrischen Strom der Stärke 8,0A durchflossen. Das Drahtstück befindet sich im Magnetfeld, dessen Feldlinien senkrecht zum Draht stehen. Es erfährt dabei eine Kraft von 0,15N.

Berechnen Sie den Betrag der magnetischen Flussdichte.

3.5 Induktionsgesetz, Eigeninduktivität und Magnetfeld einer Spule

3.5.1 Grundbegriffe

Wir fassen nur die wichtigsten Definitionen und Gesetze zusammen.

Magnetischer Fluss:

- *Magnetischer Fluss* Φ durch eine Fläche mit Flächeninhalt A:

  $$\Phi = B \cdot A \quad (\textit{Definition des } \text{magnetischen Flusses})$$

  Dabei ist B der Betrag der magnetischen Flussdichte. In dieser einfachen Form gilt die Definition *nur für senkrecht vom Magnetfeld durchsetzte Flächen.*
- *Einheit* des magnetischen Flusses:

  $$[\Phi] = 1\,\text{Tm}^2 = 1\,\text{Vs} = 1\,\text{Weber} = 1\,\text{Wb}$$

  (nach dem deutschen Physiker *W.E. Weber*, 1804 – 1891).

Induktionsgesetz:

Wir betrachten eine Spule, d.h. einen aufgewickelten Leiterdraht, mit n Windungen. Symbolisch kann eine solche Spule wie in Abbildung 3.18 dargestellt werden.

Ist nun eine solche Spule von einem *magnetischen Fluss* Φ durchsetzt und *ändert sich* Φ *mit der Zeit*, so kann man zwischen den Enden des Leiterdrahts der Spule eine *elektrische Spannung* feststellen. Diese bezeichnet man als *Induktionsspannung* U_{ind}.

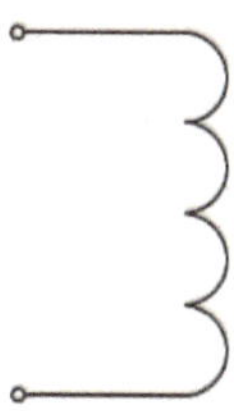

Abbildung 3.18: Schematische Darstellung einer Spule

Der Betrag der bei einer Spule mit n Windungen induzierten Spannung berechnet sich dann aus der Formel

$$U_{ind} = n \cdot \dot{\Phi} \quad (\textit{Induktionsspannung})$$

Dabei ist $\dot{\Phi}$ die *zeitliche Ableitung* des magnetischen Flusses. Man beachte, dass diese zeitliche Ableitung nur ungleich Null ist, falls sich der *magnetische Fluss ändert.* Für konstante magnetische Flüsse ist die Zeitableitung Null, und es gibt keine Induktionsspannung.

Beispiel 41:

Eine Spule mit 1000 Windungen wird mit konstanter Geschwindigkeit durch das Magnetfeld eines Permanentmagneten mit konstanter magnetischer Flussdichte 1,0mT gezogen. Dabei ändert sich die durchsetzte Fläche gleichförmig mit der Zeit nach $\dot{A} = 10\,\frac{\text{cm}^2}{\text{s}}$. Dies führt auf eine Änderung des magnetischen Flusses, nämlich

$$\dot{\Phi} = B \cdot \dot{A} = 1,0 \cdot 10^{-3}\,\text{T} \cdot 1,0 \cdot 10^{-3}\,\frac{\text{m}^2}{\text{s}} = 1,0 \cdot 10^{-6}\,\frac{\text{Tm}^2}{\text{s}}.$$

Dann beträgt die Induktionsspannung

$$U_{ind} = 0,0010\,\frac{\text{Tm}^2}{\text{s}} = 0,0010\text{V} = 1,0\text{mV}.$$

Zur Umrechnung der Einheiten: Siehe *Übungsaufgabe 35* (Abschnitt 3.5.3).

Magnetfeld einer Spule:

- In Abschnitt 3.4.2 haben wir gesehen, dass ein stromdurchflossener Leiter von einem Magnetfeld umgeben ist. Entsprechend entsteht in *stromdurchflossenen Spulen* ein *Magnetfeld.* Bei hohen Windungszahlen können hohe magnetische Flussdichten erreicht werden.
- Noch *wesentlich höhere* magnetische Flussdichten erzielt man, wenn man einen Leiterdraht mehrfach um einen kleinen Eisenblock wickelt bzw. einen *„Eisenkern"* in eine Spule einschiebt. Eisen ist ein so genannter *ferromagnetischer* Stoff, der das in der Spule entstehende *Magnetfeld* um ein *Vielfaches verstärkt.* Die so genannte *Permeabili-*

tätszahl μ_r gibt an, um welchen Faktor sich die magnetische Flussdichte beim Einschieben des Eisenkerns gegenüber Luft (bzw. streng genommen dem Vakuum) erhöht. Entsprechend ist $\mu_{r,Vakuum} = 1$.

- In einer *schlanken, langgestreckten Spule* der Länge l mit n Windungen erzeugt ein *elektrischer Strom* der Stärke I ein *näherungsweise homogenes Magnetfeld* der *magnetischen Flussdichte*

$$B = \mu_0 \cdot \mu_r \cdot I \cdot \frac{n}{l} \quad \text{(\textit{magnetische Flussdichte in langgestreckter Spule})}.$$

Die *magnetische Feldkonstante* $\mu_0 = 4\pi \cdot 10^{-7}\,\frac{\mathrm{N}}{\mathrm{A}^2}$ hatten wir bereits in Abschnitt 3.4.2 kennen gelernt.

Beispiel 42:

Eine Spule der Länge 25cm und 500 Windungen wird von einem elektrischen Strom von 2,0A durchflossen. Wir berechnen die magnetische Flussdichte in der Spule, denn ein Eisenkern mit $\mu_r = 1000$ eingeschoben wurde. Es gilt

$$\begin{aligned} B &= \mu_0 \cdot \mu_r \cdot I \cdot \frac{n}{l} \\ &= 4\pi \cdot 10^{-7}\,\frac{\mathrm{N}}{\mathrm{A}^2} \cdot 1000 \cdot 2{,}0\mathrm{A} \cdot \frac{500}{0{,}25\,\mathrm{m}} = 5{,}0\frac{\mathrm{N}}{\mathrm{Am}} = 5{,}0\,\mathrm{T}. \end{aligned}$$

Eigeninduktivität einer Spule:

- Ein *zeitlich veränderlicher Strom*, der durch einen Leiter (insbesondere durch eine *Spule*) fließt, erzeugt im eigenen Leiterkreis eine Induktionsspannung. Diese *wirkt* ihrer *Ursache*, also der Änderung der Stromstärke, aus Gründen der *Energieerhaltung* entgegen (*Lenzsches Gesetz*).
- Diese *Selbstinduktionsspannung* ist proportional zur *zeitlichen Änderungsrate* (d. h. zur *zeitlichen Ableitung*) der *elektrischen Stromstärke* $\dot{I}$. Die *Proportionalitätskonstante* ist eine *Gerätekonstante*. Man spricht von der *Eigeninduktivität* L. Es gilt also

$$U_{ind} = -L \cdot \dot{I} \quad \text{(\textit{Induktionsspannung einer Spule})}$$

- Einheit der Eigeninduktivität: $[L] = 1\frac{\text{Vs}}{\text{A}} = 1\text{Henry} = 1\text{H}$ (nach dem US-amerikanischen Physiker *J. Henry*, 1797 – 1878).
- Die Eigeninduktivität einer schlanken, langgestreckten Spule ist

$$L = \mu_0 \cdot \mu_r \cdot n^2 \cdot \frac{A}{l} \quad (\textit{Eigeninduktivität langgestreckte Spule}).$$

Energie des Magnetfeldes:

Fließt durch eine Spule mit der Eigeninduktivität L ein elektrischer Strom der Stärke I, dann ist in dem entstehenden Magnetfeld die magnetische Feldenergie gespeichert.

$$W_{mag} = \frac{1}{2} L \cdot I^2 \quad (\textit{Energie des Magnetfeldes einer Spule})$$

3.5.2 Musteraufgabe

Musteraufgabe 12:

Eine Spule der Länge von 10cm besitzt eine Querschnittsfläche von 35cm^2 und eine Eigeninduktivität von 23mH .

a) Wie viele Windungen besitzt die Spule?
b) Wie groß ist die magnetische Feldenergie, die bei einer Stromstärke von 2,5A gespeichert ist?

Lösung:

a) Gegeben: l, A, L, $\mu_r = 1$ (wenn nicht anders angegeben)
Gesucht: n
Die Formel $L = \mu_0 \cdot \mu_r \cdot n^2 \cdot \frac{A}{l}$ kann nach n aufgelöst werden. Es gilt dann

$$n = \sqrt{\frac{L \cdot l}{\mu_0 \cdot \mu_r \cdot A}}$$

$$= \sqrt{\frac{0{,}023\text{H} \cdot 0{,}1\text{m}}{4\pi \cdot 10^{-7}\frac{\text{N}}{\text{A}^2} \cdot 1 \cdot 35 \cdot 10^{-4}\text{m}^2}} = 720.$$

Dabei haben sich die Einheiten vollständig gekürzt, denn

$$1\text{H} = 1\frac{\text{Vs}}{\text{A}} = 1\frac{\text{J}}{\text{A}^2} = 1\frac{\text{Nm}}{\text{A}^2}$$

b) Gegeben: L, I
Gesucht: W_{mag}

$$W_{mag} = \frac{1}{2}L \cdot I^2 = \frac{1}{2} \cdot 0{,}023\frac{\text{Vs}}{\text{A}} \cdot 2{,}5^2\,\text{A}^2 = 0{,}072\text{VAs} = 72\text{mJ}.$$

Dabei ist $1\text{VAs} = 1\frac{\text{J}}{\text{C}}\text{As} = 1\frac{\text{J}}{\text{As}}\text{As} = 1\text{J}$.

3.5.3 Übungsaufgaben

Lösungen befinden sich in Anhang 1.

Übungsaufgabe 35: !

Zeigen Sie: $1\text{Tm}^2 = 1\text{Vs}$.

Übungsaufgabe 36: !!

Der magnetische Fluss durch eine Spule mit 1000 Windungen sei gegeben durch

$$\Phi = 0,10\,\text{mTm}^2 \cdot \sin\left(\frac{20}{\text{s}} \cdot t\right) = 1,0 \cdot 10^{-4}\,\text{Tm}^2 \cdot \sin\left(\frac{20}{\text{s}} \cdot t\right).$$

Berechnen Sie die zugehörige Induktionsspannung.

4 Wärmelehre

Die *Wärmelehre*, in der Fachsprache *Thermodynamik* genannt, spielt sowohl in der Physik und in der Chemie als auch im Ingenieurswesen eine wichtige Rolle. Für den Vorkurs genügt jedoch eine kurze Einführung.

4.1 Wichtige Grundbegriffe und physikalische Größen

Zustand und Zustandsänderungen:

In der Wärmelehre beschäftigt man sich unter anderem mit den Zuständen von Systemen und den Änderungen dieser Zustände.

Ein Beispiel für ein solches System stellt ein mit Luft gefüllter Gummiballon dar. Liegt dieser in der Sonne, so erhöht sich die Temperatur der Luft im Ballon. Die Luft dehnt sich dann aus, so dass das Volumen des Ballons ansteigt (vgl. dazu Abschnitt 4.2.3, Beispiel 47). Der Zustand der Luft im Ballon – und auch des Ballons selbst – hat sich also geändert. Aber auch das Schmelzen eines Eiswürfels ist eine Zustandsänderung – in diesem Fall hat sich der Aggregatzustand von fest (Eis) zu flüssig (Wasser) geändert.

Man bezeichnet die Größen Volumen und Temperatur als Zustandsgrößen. Es gibt auch weitere Zustandsgrößen, wie beispielsweise den Druck, auf den wir in Kürze eingehen.

Temperatur:

- Formelzeichen: T. Die *Temperatur* ist eine *physikalische Basisgröße* (vgl. Abschnitt 1.5).
- *Einheit* der Temperatur: $[T] = 1\,\text{Kelvin} = 1\text{K}$ (nach William Thomson („Lord Kelvin“), britischer Physiker, 1824 – 1907).
- Es gibt einen absoluten *Temperatur-Nullpunkt* (0 K), d. h. es kann keine geringeren Temperaturen als 0 K geben (selbst diese Temperatur kann nicht exakt erreicht werden). Auf Teilchenebene kann man sich das so vorstellen, dass bei 0 K keine Teilchenbewegung existiert.
- Die *Celsius-Skala* orientiert sich am Schmelzpunkt ($0°C$) und Siedepunkt ($100°C$) von Wasser (bei einem Druck von 1013 mbar). Sie ist daher, im *Gegensatz* zur *Kelvin-Skala, keine absolute* Temperaturskala. Gibt man die Temperatur in °C an, so verwendet man den Buchstaben ϑ(griechischer Kleinbuchstabe „theta“).
- *Celsius-* und *Kelvin-Skala* haben die *gleiche Schrittweite*, d. h. eine *Temperaturdifferenz* von 1°C entspricht gerade einer *Temperaturdifferenz* von 1 K.
- Bei der Berechnung von *Temperaturdifferenzen* wird jedoch generell die Einheit 1 K empfohlen.
- Der *absolute Temperatur-Nullpunkt* liegt bei $-273{,}15°C$. Für unsere Genauigkeitsanforderungen genügt es, mit $-273°C$ zu rechnen. Daraus ergibt die *Umrechnungsformel*

$$T = \frac{\vartheta + 273\,°\text{C}}{1°\text{C}} \cdot 1\,\text{K} \quad \text{bzw.} \quad \vartheta = \frac{\text{T} - 273\,\text{K}}{1\,\text{K}} \cdot 1°\text{C}.$$

Beispiel 43 (zur Temperatur):

1. In einem Raum zeigt das Thermometer eine Temperatur von $\vartheta = 22°C$ an. Dies entspricht dann

$$T = \frac{\vartheta + 273\,°\text{C}}{1°\text{C}} \cdot 1\,\text{K} = \frac{22°\text{C} + 273\,°\text{C}}{1°\text{C}} \cdot 1\,\text{K} = 295\text{K}.$$

Natürlich muss man das nicht immer so ausführlich aufschreiben, da die Umrechnung ja relativ einfach ist.

2. Der Siedepunkt von flüssigem Stickstoff liegt bei 77K. Dies entspricht

$$\vartheta = \frac{77\,\mathrm{K} - 273\,\mathrm{K}}{1\,\mathrm{K}} \cdot 1^{\circ}\mathrm{C} = -196^{\circ}\mathrm{C}.$$

Druck:

Der *Druck* p ist durch den *Betrag derjenigen Kraft* $\vec{F}$ definiert, die *senkrecht* auf eine *Fläche* vom Betrag A wirkt.

Als Formel:

$$p = \frac{F}{A} \quad (\textit{Definition des Drucks}).$$

- *Einheit* des Drucks: $[p] = 1\,\frac{\mathrm{N}}{\mathrm{m}^2} = 1\mathrm{Pascal} = 1\mathrm{Pa}$
  (nach dem französischen Forscher Blaise Pascal, 1623 – 1662).
- In der Technik ist auch die Einheit 1bar gebräuchlich.
  Es gilt $1\mathrm{bar} = 10^5\mathrm{Pa}$.
  Ferner findet man häufig auch Angaben in Hektopascal
  ($1\mathrm{hPa} = 100\mathrm{Pa}$).

Beispiel 44 (zum Druck):

Die Reifenaufstandsfläche, d. h. die Fläche, mit der der Reifen die Straße berührt, eines Fahrzeugs der Masse 1000kg beträgt $100\mathrm{cm}^2$. Das Fahrzeug steht mit vier Rädern auf der ebenen Fahrbahn. Wir nehmen an, dass sich die Gewichtskraft gleichmäßig auf die vier Räder bzw. Reifen verteilt.

Wir berechnen den Druck, den jeder Reifen auf die Fahrbahn ausübt. Es gilt

$$p = \frac{F}{A} = \frac{m \cdot g}{A} = \frac{250\mathrm{kg} \cdot 10\,\frac{\mathrm{m}}{\mathrm{s}^2}}{0,01\mathrm{m}^2} = 250000\mathrm{Pa}\ (= 2{,}5\mathrm{bar}).$$

Dichte:

Unter der *Dichte* ρ (genauer: *Massendichte*) eines Körpers oder Stoffs versteht man den *Quotienten* aus seiner *Masse* m und seinem *Volumen* V.

Als Formel:

$$\rho = \frac{m}{V} \quad (\textit{Definition der Dichte}).$$

- Einheit der Dichte: $[\rho] = 1\,\frac{\text{kg}}{\text{m}^3}$.
- Die *Dichte* ist für *reine Stoffe* eine *Stoffkonstante*. Sie ist allerdings bei gegebenem Druck bei Feststoffen und Flüssigkeiten schwach von der Temperatur abhängig, *bei Gasen stark von der Temperatur abhängig* (vgl. dazu auch Abschnitt 4.2).

Beispiel 45 (zur Dichte):

Aluminium besitzt die Dichte $\rho = 2{,}70\,\frac{\text{g}}{\text{cm}^3}$. Wir berechnen die Masse eines würfelförmigen Aluminiumblocks der Kantenlänge 2,00 dm.

Es gilt $\rho = \frac{m}{V}$, also umgestellt

$$m = \rho \cdot V = 2700\,\frac{\text{kg}}{\text{m}^3} \cdot (0,2\,\text{m})^3 = 21,6\,\text{kg}.$$

Bemerkungen:

Die Dichte von *Feststoffen* und *Flüssigkeiten* wird meist in der Einheit $1\,\frac{\text{g}}{\text{cm}^3}$ (statt SI-konform in $1\,\frac{\text{kg}}{\text{m}^3}$) angegeben. Die Umrechnung lautet

$$1\,\frac{\text{g}}{\text{cm}^3} = 1\,\frac{10^{-3}\,\text{kg}}{10^{-6}\,\text{m}^3} = 1000\,\frac{\text{kg}}{\text{m}^3}.$$

4.2 Gasgesetze

4.2.1 Aggregatzustände, ideales Gas

- Die *drei klassischen Aggregatzustände*, in denen *Stoffe* vorkommen, sind *fest*, *flüssig* und *gasförmig*.
- Dabei haben *feste* Stoffe eine *definierte Form* und ein *definiertes Volumen*.
- Bei *Flüssigkeiten* ist das *Volumen definiert*, die *Form* ist aber *unbestimmt*, beispielsweise passt sich flüssiges Wasser der Form des Gefäßes, in welchem es sich befindet, an.
- Letztgenannte Aussage gilt auch für *Gase*. Bei diesen ist jedoch auch das *Volumen* insofern *unbestimmt*, als dass ein Gas den Raum, der ihm zur Verfügung steht, ganz ausfüllt.
- Die *Unbestimmtheit der Form* rührt bei *Flüssigkeiten* bzw. *Gasen* daher, dass die Teilchen innerhalb von Flüssigkeiten bzw. Gasen aufgrund ihrer geringen Anziehungskraft *leicht gegeneinander verschiebbar* sind. Bei *Gasen* ist zudem der *Abstand zwischen den Teilchen wesentlich größer* als bei Flüssigkeiten.
- In einem *idealen Gas* sind die *Anziehungskräfte zwischen den einzelnen Teilchen des Gases vernachlässigbar*. *Luft* – und viele andere Gase – verhalten sich bei den Drücken und Temperaturen, die im Alltagsleben vorkommen, in guter Näherung wie ein solches *ideales Gas*.
- Bei i*dealen Gasen* ist der Zusammenhang zwischen *Druck*, *Temperatur* und *Volumen* durch relativ *einfache Gesetzmäßigkeiten* beschreibbar, wie wir im nächsten Abschnitt sehen werden.

4.2.2 Gesetz von Boyle-Mariotte

Bei einer *Zustandsänderung eines idealen Gases mit konstant gehaltener Temperatur* T gilt $p \cdot V = \text{const.}$ oder anders ausgedrückt

$$p_1 \cdot V_1 = p_2 \cdot V_2 \quad (\textit{Gesetz von Boyle – Mariotte}, T = \text{const.}).$$

- Man spricht im Fall einer Zustandsänderung mit $T = \text{const.}$ von einer *isothermen* Zustandsänderung des idealen Gases.

Beispiel 46:

Eine Person hat eine mit Luft gefüllte Kunststoffspritze in der Hand. Sie drückt einen Daumen fest auf die Austrittsdüse, so dass keine Luft aus der Spritze entweichen kann. Dann drückt sie die Luft in der Spritze mit dem beweglichen Spritzenkolben langsam zusammen (statt *zusammendrücken* sagt man auch *komprimieren*). Dabei bleibt die *Temperatur* der Luft in der Spritze *annähernd gleich*. Zu Beginn beträgt das Volumen der Luft in der Spritze 10 ml, der Luftdruck in der Spritze entspricht dem Außendruck von 1000 mbar. Nach dem Zusammendrücken beträgt das Volumen noch 4,0 ml.

Wir berechnen den (Luft-)Druck in der Spritze nach dem Zusammendrücken.

Zunächst definieren wir die Zustände (1) und (2):

(1) $p_1 = 1000\,\text{mbar},\ V_1 = 10\,\text{ml}$
(2) $p_2 = ?,\ V_2 = 4{,}0\,\text{ml}$

Außerdem ist $T = \text{const.}$, d. h. $T_1 = T_2$.

Dann können wir das Gesetz von Boyle-Mariotte anwenden. Es gilt

$$p_1 \cdot V_1 = p_2 \cdot V_2,$$

also

$$p_2 = \frac{p_1 \cdot V_1}{V_2} = \frac{1000\,\text{mbar} \cdot 10\,\text{ml}}{4,0\,\text{ml}} = 2500\,\text{mbar}.$$

Bemerkungen:

- Das Ergebnis ist also nicht verwunderlich: In dem Maße, wie sich das Volumen verkleinert, erhöht sich der Druck (in diesem Fall jeweils um einen Faktor 2,5). In dieser einfachen Form gilt dies aber – wie oben vorausgesetzt – nur bei konstanter Temperatur. Dadurch, dass die Luft, wie es im Aufgabentext heißt, *langsam* komprimiert wird, ist die Temperaturkonstanz näherungsweise gegeben. Dies ist zunächst *verwunderlich*, denn die Luft *erwärmt sich eigentlich*, wenn sie *komprimiert* wird – wer schon einmal einen Fahrradreifen aufgepumpt hat, weiß dies. Geschieht diese *Kompression jedoch sehr* langsam, so dass ein Temperaturausgleich mit der Umgebung möglich ist, kann man von einer konstanten Temperatur ausgehen.
- Der Luftdruck wird häufig in Hektopascal oder Millibar angegeben.

4.2.3 Gesetze von Gay-Lussac

1. Gesetz von Gay-Lussac:
Bei einer *Zustandsänderung eines idealen Gases mit konstant gehaltenem Druck* p gilt $\frac{V}{T} = \text{const.}$ oder anders ausgedrückt

$$\frac{V_1}{T_1} = \frac{V_2}{T_2} \quad (1.\ Gesetz\ von\ Gay-Lussac,\ p = \text{const.}).$$

- Man spricht im Fall einer Zustandsänderung mit $p = \text{const.}$ von einer *isobaren* Zustandsänderung des idealen Gases.

2. Gesetz von Gay-Lussac:
Bei einer *Zustandsänderung eines idealen Gases mit konstant gehaltenem Volumen* V gilt $\frac{p}{T} = \text{const.}$ oder anders ausgedrückt

$$\frac{p_1}{T_1} = \frac{p_2}{T_2} \quad (2.\ Gesetz\ von\ Gay-Lussac,\ V = \text{const.}).$$

- Man spricht im Fall einer Zustandsänderung mit $V = \text{const.}$ von einer *isochoren* Zustandsänderung des idealen Gases.

Bitte unbedingt beachten: Bei beiden Gesetzen von Gay-Lussac ist jeweils mit der Temperatur in Kelvin zu rechnen! Eine Rechnung mit Celsius-Temperaturen führt zu falschen Ergebnissen!

Beispiel 47:

Ein aufgeblasener Luftballon liegt in der Sonne. Zu Beginn beträgt die Temperatur im Ballon 20,0°C und sein Volumen 1,00 Liter. Die Temperatur der Luft im Ballon steigt nun durch die Sonneneinstrahlung auf 35,0°C. Da der Luftdruck annähernd gleich bleibt und der Ballon eine elastische Gummiwand besitzt, gehen wir davon aus, dass auch der Luftdruck im Ballon annähernd konstant bleibt.

Wir berechnen nun das Volumen, auf welches sich der Ballon dann aufbläht.
Zunächst definieren wir die Zustände (1) und (2):

(1) $\vartheta_1 = 20{,}0°\text{C}$, also $T_1 = 293\text{K}$; $V_1 = 1{,}00\,\text{Liter}$
(2) $\vartheta_2 = 35{,}0°\text{C}$, also $T_2 = 308\text{K}$; $V_2 = ?$

Außerdem ist $p = \text{const.}$, d. h. $p_1 = p_2$.
Dann können wir das 1. Gesetz von Gay-Lussac anwenden. Aus

$$\frac{V_1}{T_1} = \frac{V_2}{T_2}$$

folgt dann

$$V_2 = \frac{V_1 \cdot T_2}{T_1} = \frac{1,00\text{Liter} \cdot 308\text{K}}{293\,\text{K}} = 1,05\,\text{Liter}$$

4.2.4 Zustandsgleichung des idealen Gases

Die Gesetze von *Boyle-Mariotte* und *Gay-Lussac* gelten jeweils für *spezielle Zustandsänderungen* – jeweils eine der Größen Temperatur, Druck bzw. Volumen bleibt dabei *konstant*. Bleibt bei einer *Zustandsänderung des idealen Gases* jedoch *keine* dieser *Größen konstant*, so gilt verallgemeinert

$$\frac{p_1 \cdot V_1}{T_1} = \frac{p_2 \cdot V_2}{T_2} = \text{const.} \quad (\textit{verallgeinertes Gasgesetz}).$$

- Man sieht, dass die Gesetze von *Boyle-Mariotte* und *Gay-Lussac* jeweils *Spezialfälle* dieses *verallgemeinerten Gasgesetzes* sind.
- Für eine Gasmenge der Masse 1 kg heißt dieser konstante Wert *spezifische Gaskonstante R_i*. Es gilt dann

  $$R_i = \frac{p \cdot V}{T}$$

  Der Index *i* steht dabei für die *Gassorte*, die vorliegt. Dabei kann es sich auch um ein Gasgemisch wie beispielsweise Luft handeln. Möchte man dann die spezifische Gaskonstante von Luft bezeichnen, so schreibt man R_{Luft}. Für Luft findet man den Wert

  $$R_{Luft} = 287\,\frac{\text{J}}{\text{kgK}}$$

- Für eine Gasportion mit beliebiger Masse m folgt

$$m \cdot R_i = \frac{p \cdot V}{T}$$

oder umgestellt

$$p \cdot V = m \cdot R_i \cdot T \quad (\textit{Zustandsgleichung des idealen Gases}).$$

- Rechenbeispiele: siehe Musteraufgabe 13 sowie Übungsaufgabe 38.

4.3 Wärme, Arbeit und spezifische Wärmekapazität

Wärme:

Hält man die Flamme eines Bunsenbrenners unter ein Wasserglas, so erhöht sich seine Temperatur, denn die Flamme besitzt eine höhere Temperatur als das Wasserglas (zwischen beiden herrscht eine Temperaturdifferenz).

Wärme:

Die *Energie*, welche *zwischen zwei Systemen* (hier Flamme bzw. Wasserglas) *aufgrund* von *Temperaturdifferenzen übertragen* wird, bezeichnet man als *Wärme* Q.

- *Wärme* ist also eine *Energieform*. Die *Einheit* der Wärme ist folglich $[Q] = 1\text{J}$.
- Umgangssprachlich wird Wärme und Temperatur oft gleichgesetzt, was jedoch physikalisch *falsch* ist.

Vertiefung zum Begriff Arbeit:

Den Begriff der *Arbeit* haben wir bereits in Abschnitt 2.7.1 als *mechanische Größe* kennengelernt. In Abschnitt 3.1.5 kam dann der Begriff der *elektrischen Arbeit* hinzu.

Wir haben die Begriffe *Arbeit* und *Energie* stets deutlich voneinander abgegrenzt. Die in den Kapiteln 2.7 und 3 auftretenden Energieformen, nämlich kinetische Energie, Lageenergie, Spannenergie, elektrische (Feld-) Energie und magnetische (Feld-)Energie sind jeweils Energieformen, die in einem System gespeichert sind.

Wir fassen nun *Arbeit* ebenfalls als *Energieform* auf – sie hat ja auch die gleiche Einheit wie die Energie (1J) – allerdings wird *Arbeit*, genauso wie *Wärme, stets zwischen zwei Systemen übertragen.* Wird beispielsweise ein Körper (System 1) beschleunigt (d. h. wird am System *Beschleunigungsarbeit* verrichtet), so wird diesem System *von außen* (System 2 bzw. Umgebung) *Energie* zugefügt.

Insofern gleichen sich Arbeit und Wärme, sie unterscheiden sich von den o. g. Energieformen.

Ein weiteres Indiz für die *Gleichwertigkeit von Arbeit und Wärme* ist folgendes: Eine Temperaturerhöhung kann auch durch Zufuhr von Arbeit bewirkt werden. Dazu betrachten wir einen mechanischen Rührer, der in ein Glas mit Wasser gebracht wird und das Wasser umrührt. Die zugeführte mechanische Arbeit kann in Form von Reibungswärme im Wasser *dissipieren* und somit dessen Temperatur erhöhen.

Spezifische Wärmekapazität:

- Wird einem System *Wärme zugeführt (bzw. abgeführt)*, so *erhöht (bzw. erniedrigt)* sich dadurch in der Regel seine *Temperatur* (Ausnahme: Aggregatzustandsänderungen, siehe unten).
- Für diese Temperaturänderung gilt in guter Näherung

  $$Q \propto \Delta T$$

  d. h. die zu- bzw. abgeführte Wärme ist proportional zur Temperaturänderung (diese ist negativ, wenn Wärme abgeführt wurde).
- Da außerdem die Temperaturänderung bei gleicher zugeführter Wärme proportional zur *Systemmasse* ist, gilt sogar

  $$Q \propto m \cdot \Delta T$$

- Es gilt also
- $Q = c \cdot m \cdot \Delta T$
- Der zugehörige Proportionalitätsfaktor heißt (mittlere) spezifische Wärmekapazität c.

- Die spezifische Wärmekapazität ist *stoffabhängig*.
- *Einheit* der spezifischen Wärmekapazität: $[c] = 1\frac{\mathrm{J}}{\mathrm{kgK}}$.
- Bei *Aggregatzustandsänderungen*, also beim Schmelzen bzw. Erstarren oder beim Sieden bzw. Kondensieren, findet eine *Wärmezufuhr bzw. Wärmeabfuhr ohne Temperaturänderung* statt. Wir gehen darauf an dieser Stelle nicht näher ein, vgl. dazu z. B. [1].
- Die Temperaturänderung kann, wie im vorangehenden Abschnitt (Vertiefung zum Begriff Arbeit) angesprochen, durch Zufuhr von Arbeit geschehen. Dann gilt entsprechend

$$W = c \cdot m \cdot \Delta T$$

Beispiel 48:

Wasser besitzt eine spezifische Wärmekapazität von $4200\frac{\mathrm{J}}{\mathrm{kgK}} = 4{,}2\frac{\mathrm{kJ}}{\mathrm{kgK}}$ und eine Dichte von $1{,}0\frac{\mathrm{g}}{\mathrm{cm}^3}$.

Wir berechnen die Wärme, welche einer Wassermenge von 200 ml zugeführt werden muss, damit sich die Wassertemperatur von 20°C auf 100°C erhöht.

Die Masse des Wassers beträgt mit Hilfe der Dichte $\rho = \frac{m}{V}$

$$m = \rho \cdot V$$

Dann ist

$$\begin{aligned} Q &= c \cdot m \cdot \Delta T = c \cdot \rho \cdot V \cdot \Delta T \\ &= 4{,}2\frac{\mathrm{kJ}}{\mathrm{kgK}} \cdot 1000\frac{\mathrm{kg}}{\mathrm{m}^3} \cdot 0{,}2 \cdot 10^{-3}\mathrm{m}^3 \cdot 80\mathrm{K} \\ &= 67\mathrm{kJ}. \end{aligned}$$

4.4 Musteraufgabe

Musteraufgabe 13:

Ein quaderförmiges Zimmer besitzt eine Grundfläche von 13 m^2 sowie eine Höhe von 2,50 m. Der Luftdruck beträgt 990 mbar, außerdem ist $R_{Luft} = 287\frac{\mathrm{J}}{\mathrm{kgK}}$ sowie $c_{Luft} = 1,0\frac{\mathrm{kJ}}{\mathrm{kgK}}$.

a) Welche Wärme muss über die Zentralheizung der Raumluft zugeführt werden, damit sich die Raumtemperatur von 18°C auf 22°C erhöht? Der Luftdruck bleibe während des gesamten Vorgangs konstant.
b) Wenn der Luftdruck konstant bleibt, muss bei der Erwärmung ein wenig Luft durch den Türspalt in einen angrenzenden Raum entweichen. Welche Masse hat diese entweichende Luft?

Lösung:

Gegeben: Volumen (über Fläche und Höhe), Druck, Gaskonstante, Temperatur vorher und nachher, spez. Wärmekapazität von Luft (c_{Luft}).

Wir definieren erneut die beiden Zustände (vor dem Heizen (1) / nach dem Heizen (2)):

(1) $\vartheta_1 = 18°\text{C}$, also $T_1 = 291\text{K}$; $p_1 = 990\text{mbar}$,
$V_1 = 13 \cdot 2{,}5\,\text{m}^3 = 32{,}5\,\text{m}^3$ (Luftvolumen vor Erwärmung)
(2) $\vartheta_2 = 22°\text{C}$, also $T_2 = 295\text{K}$; $p_2 = p_1 = 990\text{mbar}$, $V_2 = ?$ (Luftvolumen nach Erwärmung)

Zum Volumen: Die Luft nimmt zu Beginn das Volumen des Zimmers ein. Das Volumen des Zimmers bleibt bei der Erwärmung gleich, die Luft dehnt sich aber bei der Erwärmung aus (daher entweicht ein Teil der Luft nach draußen, siehe Aufgabenteil b)).

a) Gesucht: Zuzuführende Wärme.
Die Wärme berechnet sich aus

$$Q = c_{Luft} \cdot m \cdot \Delta$$

Hierin ist jedoch noch die Masse m unbekannt. Mit Hilfe der Zustandsgleichung des idealen Gases kann die Masse bestimmt werden. Aus

$$p_1 \cdot V_1 = m_1 \cdot R_{Luft} \cdot T_1$$

folgt dann

$$m = \frac{p_1 \cdot V_1}{R_{Luft} \cdot T_1}$$

Diesen Wert setzen wir in die Formel zur Berechnung der Wärme ein, d. h.

$$\begin{aligned} Q &= c_{Luft} \cdot m \cdot \Delta T = c_{Luft} \cdot \frac{p_1 \cdot V_1}{R_{Luft} \cdot T_1} \cdot (T_2 - T_1) \\ &= 1000 \frac{\mathrm{J}}{\mathrm{kgK}} \cdot \frac{99000 \frac{N}{m^2} \cdot 32{,}5 m^3}{287 \frac{\mathrm{J}}{\mathrm{kgK}} \cdot 291\mathrm{K}} \cdot (295\,\mathrm{K} - 291\,\mathrm{K}) \\ &= 154000\mathrm{Nm} = 154\mathrm{kJ}. \end{aligned}$$

Man beachte dabei, dass zunächst alles auf SI-Einheiten umgerechnet wurde, z. B. sind

$$990\mathrm{mbar} = 0,990\mathrm{bar} = 99000\mathrm{Pa} = 99000 \frac{\mathrm{N}}{\mathrm{m}^2}.$$

Außerdem ist $V_1 = 13 \cdot 2,5\,\mathrm{m}^3 = 32,5\,\mathrm{m}^3$

b) Da der Druck konstant bleibt (isobare Zustandsänderung), kann man das 1. Gesetz von Gay-Lussac anwenden. Es gilt

$$\frac{V_1}{T_1} = \frac{V_2}{T_2}$$

also

$$V_2 = \frac{V_1 \cdot T_2}{T_1}$$

Da $V_2 > V_1$ gilt, das Volumen des Raums aber gleich bleibt, muss ein Teil des Volumens, nämlich $\Delta V = V_2 - V_1$ nach draußen entweichen. Es gilt

$$\Delta V = V_2 - V_1 = \frac{V_1 \cdot T_2}{T_1} - V_1 = V_1 \cdot \left(\frac{T_2}{T_1} - 1\right)$$

Das entweichende Gas besitzt die Temperatur T_2. Ihm kann dann die Masse

$$\Delta m = \frac{p_2 \cdot \Delta V}{R_{Luft} \cdot T_2}$$

zugeordnet werden. Eingesetzt ergibt sich

$$\Delta m = \frac{p_2}{R_{Luft} \cdot T_2} \cdot V_1 \cdot \left(\frac{T_2}{T_1} - 1 \right)$$
$$= \frac{99000 \, \frac{\mathrm{N}}{\mathrm{m}^2}}{287 \, \frac{\mathrm{J}}{\mathrm{kgK}} \cdot 295\mathrm{K}} \cdot 32{,}5\,\mathrm{m}^3 \cdot \left(\frac{295}{291} - 1 \right) = 0{,}52\,\mathrm{kg}.$$

4.5 Übungsaufgaben

! **Übungsaufgabe 37:**

Die Tür eines Gefrierschranks lässt sich luftdicht verschließen. Man öffnet diese zunächst und lässt Luft der Temperatur 20°C bei einem Außendruck von 1010 mbar einströmen. Danach schließt man die Tür, stellt den Gefrierschrank an und lässt die Luft dort auf −18°C abkühlen.

Welcher Druck herrscht dann im Innern des Gefrierschrankes und welchen Betrag besitzt der Unterdruck (im Vergleich zu außen) im Gefrierschrank?

!! **Übungsaufgabe 38:**

a) Berechnen Sie die Dichte von Luft bei Normbedingungen (1013 mbar und 273 K) und vergleichen Sie diese mit der Dichte von Wasser. Rechnen Sie mit $R_{Luft} = 287 \frac{\mathrm{J}}{\mathrm{kgK}}$.
b) Die Luft aus Teilaufgabe a) wird nun isobar (d. h. bei konstantem Druck) auf 293 K erwärmt. Berechnen Sie nun die Dichte der Luft.

!! **Übungsaufgabe 39:**

a) Wasser besitzt eine spezifische Wärmekapazität von $4200 \frac{\mathrm{J}}{\mathrm{kgK}} = 4{,}2 \frac{\mathrm{kJ}}{\mathrm{kgK}}$ und eine Dichte von $1{,}0 \frac{\mathrm{g}}{\mathrm{cm}^3}$.
Welche (durchschnittliche) Leistung muss ein Wasserkocher besitzen, wenn er in der Lage sein soll, 1,20 Liter innerhalb von 170 s von $16°C$ auf $100°C$ zu erhitzen?
b) Berechnen Sie den zugehörigen „Energieverbrauch" in Kilowattstunden.

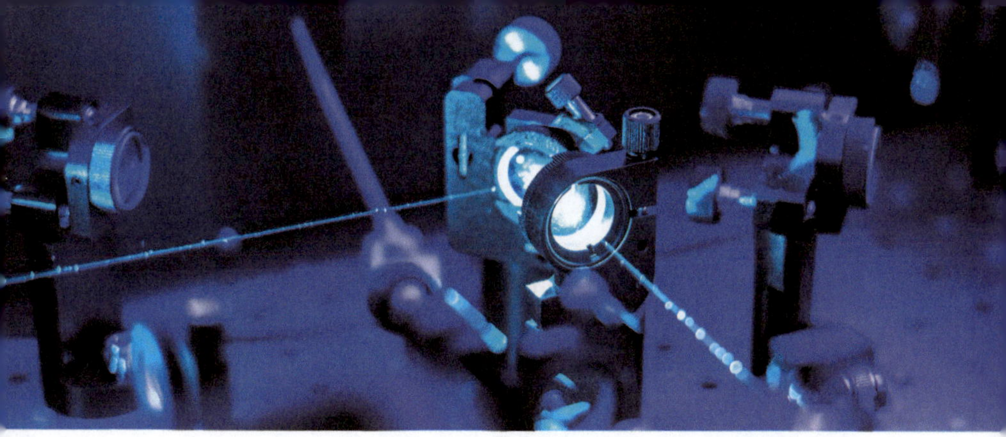

5 Strahlenoptik

Wir fassen uns in diesem Kapitel sehr kurz und behandeln nur die wichtigsten Aspekte.

5.1 Einführung

Strahlenoptik (geometrische Optik):

In der *Strahlenoptik*, auch *geometrische Optik* genannt, beschäftigen wir uns mit der *Ausbreitung von Licht*, welches durch *Lichtstrahlen* beschrieben wird.

- Ein *Lichtstrahl* ist dabei eine *Linie*, entlang derer sich das Licht bewegt. Dieses Modell entspricht zwar *nicht* den tatsächlichen *physikalischen Gegebenheiten*, allerdings lässt sich durch die *Strahlenoptik* die *Abbildung* durch *Linsen* oder andere *optische Elemente* (z. B. *Spiegel*) sehr gut beschreiben. Dies spielt in der Praxis bei vielen *optischen Instrumenten* eine große Rolle.
- Die *Strahlenoptik* ist mathematisch ein *Grenzfall der Wellenoptik*, nämlich für den Fall, dass die *Lichtwellenlänge* gegen Null geht. *Licht* ist nämlich in der klassischen Optik zunächst ein *Wellenphänomen*. Mit der Theorie der *elektromagnetischen Wellen* kann man die

Phänomene der Optik sehr gut erklären. Wir gehen jedoch im Rahmen dieses Vorkurses nicht näher darauf ein und verweisen auf [1].

Optische Medien und Lichtausbreitung:

Ein *Stoff*, in welchem sich *Licht auszubreiten* vermag, heißt *optisches Medium.* Auch im *reinen Vakuum* ist *Lichtausbreitung* möglich, es ist ebenfalls ein *optisches Medium.*

- In einem *optisch homogenen Medium* sind die *Lichtstrahlen Geraden.*
- Lichtstrahlen können einander durchdringen, ohne sich dabei gegenseitig zu beeinflussen.

Reflexion, Streuung und Brechung:

- An *glatten Oberflächen* können Lichtstrahlen *reflektiert* werden (Abschnitt 5.2).
- Beim Auftreffen auf *raue Oberflächen* tritt diffuse *Streuung* auf, also die Ablenkung in alle möglichen (Rück-)Richtungen.
- An der *Grenzfläche zwischen zwei Medien* tritt zudem *Brechung* der Lichtstrahlen auf (Abschnitt 5.3).

5.2 Reflexionsgesetz

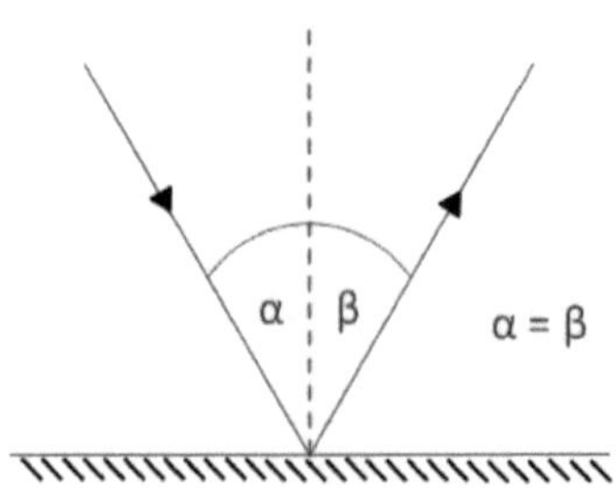

Abbildung 5.1: Zum Reflexionsgesetz.

Beim Auftreffen eines Lichtstrahls auf eine glatte Oberfläche wird der Strahl nach dem Gesetz

Einfallswinkel α = Reflexionswinkel β *(Reflexionsgesetz)*

reflektiert (vgl. Abbildung 5.1).

- *Einfallswinkel* und *Reflexionswinkel* werden in Bezug auf das *Einfallslot* gemessen (gestrichelte Linie in Abbildung 5.1).
- Wir machen hier *keine* Aussage über die *Intensität* des reflektierten Strahls. Beispielsweise wird Licht, das auf eine Fensterscheibe fällt, teilweise reflektiert, wobei der andere Teil durch die Scheibe durchtritt. Der reflektierte und der durch die Scheibe durchtretende Strahl haben dann jeweils eine im Vergleich zum einfallenden Lichtstrahl verminderte Intensität.

5.3 Brechungsgesetz

Licht wird beim *Übergang* von einem Medium in ein anderes, d. h. an der *Grenzfläche zwischen zwei Medien, gebrochen.*

- Dabei liegen der *einfallende* Strahl, das *Einfallslot* und der *gebrochene* Strahl *in einer Ebene.*

Ist der *Einfallswinkel* (1. Medium) α und der *Ausfallswinkel* (2. Medium) β, so gilt (vgl. dazu auch Abbildung 5.2)

$$\frac{\sin\alpha}{\sin\beta} = n = \frac{n_2}{n_1} \quad \textit{(Brechungsgesetz)}.$$

- n heißt *relativer Brechungsindex* beim Übergang von Medium 1 zu Medium 2.
- n_1 bzw. n_2 sind jeweils der *Brechungsindex* von Medium 1 bzw. Medium 2 *in Bezug auf das Vakuum.*

- In unserem Anwendungsbereich gilt für Brechungsindizes in Bezug auf das Vakuum stets $n_1 > 1$, $n_2 > 1$, für das Vakuum selbst ist der Wert per Definition gleich 1.
- Luft hat in Bezug auf das Vakuum einen Brechungsindex von etwa 1,0003, d. h. zwischen Luft und Vakuum findet kaum Brechung statt.
- Brechungsindizes sind konstant bei fester Lichtwellenlänge (aber sie sind von der Lichtwellenlänge abhängig).

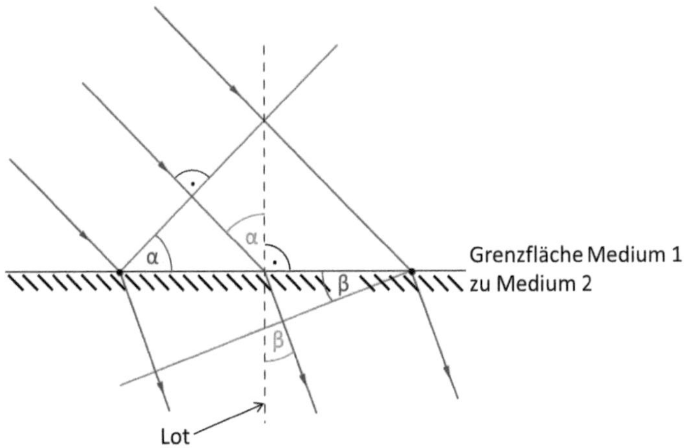

Abbildung 5.2: Zum Brechungsgesetz. Dargestellt ist die Brechnung dreier unter dem Winkel α einfallender und unter dem Winkel β gebrochener Lichtstrahlen.

Beispiel 49 (zum Brechungsgesetz):

Licht tritt unter einem Winkel von $\alpha = 30^\circ$ auf eine Grenzfläche, wie in Abbildung 5.2 dargestellt. Dabei sei das Medium 1 Luft und Medium 2 sei Glas.

a) Unter welchem Winkel zum Lot breitet sich das Licht im Glas weiter aus, wenn der relative Brechungsindex für den Übergang von Luft zu Glas $n = 1{,}5$ beträgt?
b) Wie verhält es sich, wenn das Licht von Glas in Luft übertritt, der Einfallswinkel jedoch weiterhin 30° beträgt?

Zu a): Gesucht ist β.

Wir können das Brechungsgesetz

$$\frac{\sin\alpha}{\sin\beta} =$$

umformen zu

$$\sin\beta = \frac{\sin\alpha}{n}, \text{ d. h}$$

$$\beta = \arcsin\left(\frac{\sin\alpha}{n}\right) = \arcsin\left(\frac{\sin 30^\circ}{1,5}\right) = 19^\circ$$

Zu b):

Man kann nun Medium 1 und Medium 2 vertauschen, oder man schaut Abbildung 5.2 „von unten her", d. h. aus der umgekehrten Richtung an. β ist nun der Einfallswinkel und α der Ausfallswinkel. Es ist also nun genau der Kehrwert des Brechungsgesetzes zu betrachten, nämlich

$$\frac{\sin\beta}{\sin\alpha} = \frac{1}{n}$$

Dann ist

$$\alpha = \arcsin(n \cdot \sin\beta) = \arcsin(1,5 \cdot \sin 30^\circ) = 49^\circ$$

Optisch dichtere und optisch dünnere Medien, Totalreflexion:

Ist der *relative Brechungsindex* zwischen zwei Medien $n > 1$, so spricht man von einem *Übergang vom optisch dünneren zum optisch dichteren Medium.* Im Beispiel 49 sehen wir, dass Luft optisch dünner als Glas ist, und dass bei einem solchen *Übergang vom optisch dünneren ins optisch dichtere Medium der Ausfallswinkel kleiner ist als der Einfallswinkel.* Man sagt:

- Beim Übergang vom *optisch dünneren* zum *optisch dichteren* Medium findet eine *Brechung zum Lot hin* statt (vgl. Abbildung 5.2).
- Entsprechend findet bei Übergang vom *optisch dichteren* zum *optisch dünneren* Medium eine *Brechung vom Lot weg* statt.

Wir betrachten nun den Übergang *vom optisch dichteren ins optisch dünnere* Medium etwas genauer: Da eine *Brechung vom Lot weg* erfolgt, muss es beim

Einfallswinkel einen *Grenzwinkel* $< 90°$ geben, bei dem der Ausfallswinkel gerade $90°$ wird. Dies ist jedoch seltsam, denn bei diesem Winkel erfolgt gar kein Eintritt mehr ins zweite Medium. Untersucht man diesen Fall experimentell, so stellt man fest:

> Für *Einfallswinkel*, die mindestens so groß wie dieser *Grenzwinkel* sind, wird beim *Übergang vom optisch dichteren ins optisch dünnere* Medium der *gesamte einfallende Strahl* nicht mehr gebrochen, sondern nach dem Reflexionsgesetz (vgl. Abschnitt 5.2) *reflektiert*. Man spricht in diesem Fall von *Totalreflexion*.

Den Grenzwinkel der Totalreflexion für Beispiel 49 kann man aus dem Brechungsgesetz wie folgt bestimmen: α ist hier der Ausfallswinkel, der im Grenzfall $90°$ beträgt. Also gilt

$$\frac{\sin \beta_{Grenz}}{\sin \alpha_{Grenz}} = \frac{1}{n}$$

$$\begin{aligned}\beta_{Grenz} &= \arcsin\left(\frac{1}{n} \cdot \sin \alpha_{Grenz}\right) = \arcsin\left(\frac{1}{n} \cdot \sin 90°\right) \\ &= \arcsin\left(\frac{1}{n}\right) = \arcsin\left(\frac{1}{1{,}5}\right) = 42°.\end{aligned}$$

Bemerkung:

Man überprüfe in jedem Fall genau, von wo nach wo (z. B. optisch dicht nach optisch dünn) der Übergang erfolgt und was der Einfalls- bzw. Ausfallswinkel ist. Auch überprüfe man sein Ergebnis hinterher auf Plausibilität. Ansonsten läuft man beim Brechungsgesetz leicht Gefahr, die Winkel zu verwechseln und somit falsche Ergebnisse zu erhalten. Vgl. dazu auch Übungsaufgabe 40.

5.4 Brechung an Linsen, Linsengleichung

Linsen bestehen aus Glas oder anderen lichtdurchlässigen Materialien. Sie *brechen* das Licht und dienen der *optischen Abbildung*.

- Eine Linse besitzt *zwei brechende Flächen* (vgl. Abbildung 5.3), einmal mit dem Übergang von Luft (bzw. dem Medium, in welchem sich die linke Linsenfläche gerade befindet) ins Linsenmedium und einmal mit dem Übergang vom Linsenmedium in Luft. Man muss diese Übergänge nun jedoch nicht zwingend mit dem Brechungsgesetz aus Abschnitt 5.3 berechnen, da für viele Anwendungen in guter Näherung ein vereinfachtes Schema anzuwenden ist, welches in diesem Abschnitt grob erläutert wird.

Sammellinsen:

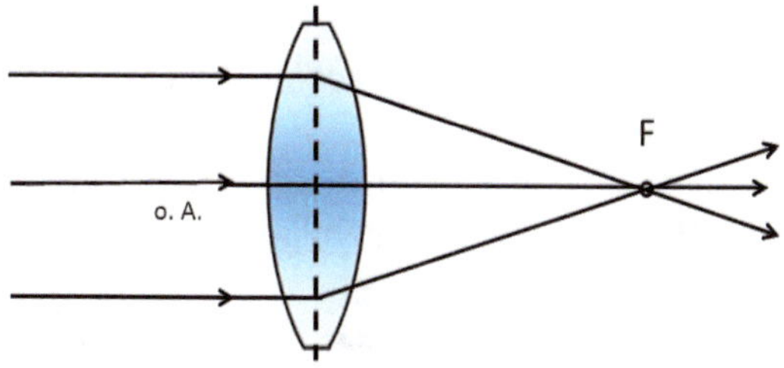

Abbildung 5.3: Sammellinse.

Sammellinsen können einfallende Lichtstrahlen *bündeln*, ähnlich wie in Abbildung 5.3 dargestellt.

- Die *optische Achse* (o. A.) ist in unseren Anwendungen die Symmetrieachse der Linse.
- Lichtstrahlen, die *parallel zur optischen Achse* einfallen, werden von der Sammellinse so abgelenkt, dass sie sich hinter der Linse im so genannten *Brennpunkt F* treffen.
- Der *Brennpunkt* liegt *auf der optischen Achse*.

- Sammellinsen haben eine *konvexe* Form, d.h. sie sind *in der Mitte dicker als am Rand.* Die in Abbildung 5.3 dargestellte Sammellinse ist sogar *bikonvex.*

Optische Abbildung („Linsengleichung") bei einer Sammellinse:

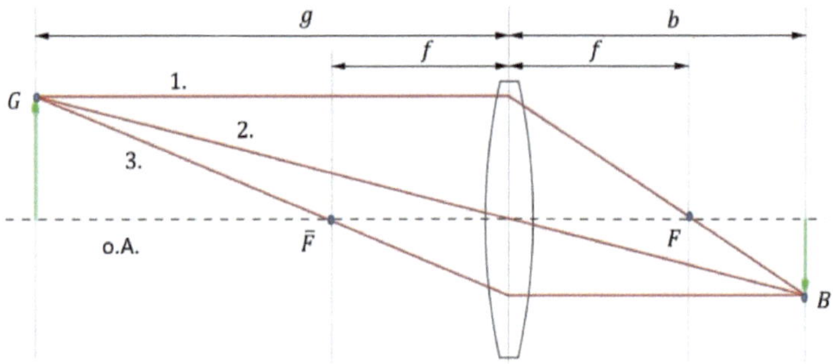

Abbildung 5.4: Zur Linsengleichung.

Abbildung 5.4 zeigt die wichtigsten *Strahlengänge* bei einer *dünnen Sammellinse,* die nötig sind, um die *optische Abbildung eines Gegenstandes (=Objekts) G* darzustellen. Dabei sind die drei Konstruktionsstrahlen, die von der Spitze des Gegenstandes ausgehen, durchnummeriert.

- Der 1. Strahl verläuft parallel zur optischen Achse (*Parallelstrahl*) und verläuft daher *hinter* der Linse durch den *Brennpunkt F.*
- Der 2. Strahl läuft durch den Linsenmittelpunkt (*Mittelpunktstrahl*) und wird *nicht abgelenkt.*
- Der 3. Strahl verläuft durch den objektseitigen Brennpunkt $\bar{F}$ (*Brennstrahl*) und verläuft daher *hinter* der Linse *parallel* zur optischen Achse.

- Alle drei Strahlen treffen sich im Bildpunkt *B,* wobei zur Konstruktion dieses Punktes auch zwei der drei Strahlen genügen würden.

Vertiefung: Virtuelles Bild

In unserem Beispiel entsteht ein *umgekehrtes verkleinertes* Bild. Rückt man das abzubildende Objekt in Abbildung 5.4 nun *in Richtung des objektseitigen Brennpunkts* $\bar{F}$, so entsteht ein *größeres* Bild des Objekts – man prüfe das selber durch eine Zeichnung nach. Gleichzeitig wächst aber auch die Bildweite b. Im Grenzfall, nämlich wenn das Objekt genau auf $\bar{F}$ steht, entsteht sogar ein unendlich großes und unendlich weit entferntes Bild. Rückt man dann den Gegenstand noch weiter zur Linse hin, so dass er *zwischen* $\bar{F}$ *und der Linse* steht, so entsteht ein so genanntes *virtuelles Bild*. Die *Konstruktionsstrahlen laufen* nun nämlich hinter der Linse *auseinander* (man sagt: sie *divergieren*). Die *Rückverlängerung* dieser Strahlen ergibt dann das virtuelle Bild, welches *vor* der Linse entsteht. Näheres dazu kann man z. B. in [1] nachlesen.

Abbildungsgleichung (Linsengleichung):

Aus Abbildung 5.4 kann man mit Hilfe des Strahlensatzes aus der Geometrie die so genannte *Abbildungsgleichung* (auch Linsengleichung genannt) herleiten. Sie lautet

$$\frac{1}{f} = \frac{1}{g} + \frac{1}{b} \quad (\textit{Abbildungsgleichung}).$$

- Dabei ist f die *Brennweite* (Entfernung des Linsenmittelpunkts zum Brennpunkt F), g die *Objektweite* (also die Entfernung des Objekts vom Linsenmittelpunkt) sowie b die *Bildweite* (also die Entfernung des Bildes vom Linsenmittelpunkt). Auf die Vorzeichen dieser Größen gehen wir noch kurz ein, siehe Musteraufgabe 14 und folgender Abschnitt (Zerstreuungslinsen).
- Der *Abbildungsmaßstab* β, d. h. der Vergrößerungs- bzw. Verkleinerungsfaktor der Abbildung, ist durch

$$\beta = \frac{b}{g} = \frac{B}{G} \quad (\textit{Abbildungsmaßstab}).$$

gegeben. Dabei sind hier G und B die *Bild-* bzw. *Objektgröße*.

Zerstreuungslinsen:

Zerstreuungslinsen wirken auf einfallende Lichtstrahlen wie in Abbildung 5.5 dargestellt.

- Lichtstrahlen, die *parallel zur optischen Achse* einfallen, werden von der Zerstreuungslinse so abgelenkt, dass sie hinter der Linse *auseinanderlaufen* (*divergieren*) und sich in ihrer *Rückverlängerung* im *Brennpunkt F* treffen, der *objektseitig* liegt.
- Zerstreuungslinsen haben daher eine *negative Brennweite.*
- Bei Zerstreuungslinsen entstehen stets *virtuelle* Bilder.
- Die Abbildungsgleichung gilt auch für Zerstreuungslinsen (siehe unten), wir gehen hierauf in unseren Übungen aber nicht ein.
- Zerstreuungslinsen haben eine *konkave* Form, d. h. sie sind *in der Mitte dünner als am Rand.* Die in Abbildung 5.5 dargestellte Zerstreuungslinse ist sogar *bikonkav.*

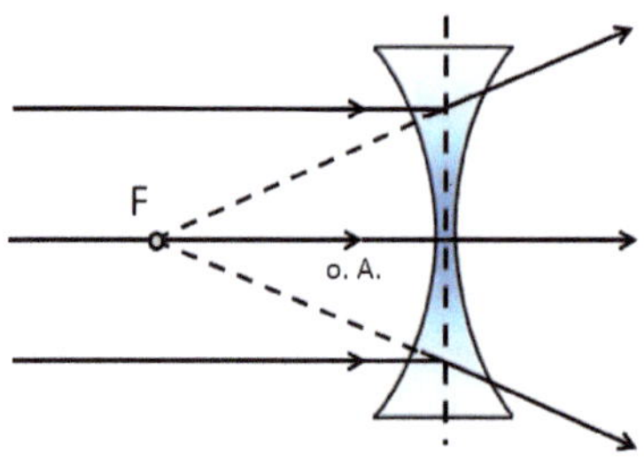

Abbildung 5.5: Zerstreuungslinse.

5.5 Musteraufgabe

Musteraufgabe 14:

Eine Sammellinse hat eine Brennweite von 200 mm. Ein Gegenstand wird

a) 300 mm,
b) 100 mm vor der Linse aufgestellt.

Berechnen Sie jeweils die Bildweite und den Abbildungsmaßstab. Interpretieren Sie Ihre Ergebnisse.

Lösung:

a) Gegeben: $f = 200\,\text{mm}$, $g = 300\,\text{mm}$.
Gesucht: b
Die Abbildungsgleichung

$$\frac{1}{f} = \frac{1}{g} + \frac{1}{b}$$

kann umgestellt werden. Es gilt dann

$$\frac{1}{b} = \frac{1}{f} - \frac{1}{g} = \frac{g-f}{f \cdot g}$$

also

$$b = \frac{f \cdot g}{g-f} = \frac{200 \cdot 300}{300 - 200}\,\text{mm} = 600\,\text{mm}$$

Der Abbildungsmaßstab ist dann

$$\beta = \frac{b}{g} = \frac{600}{300} = 2,0$$

Interpretation: Es entsteht ein um den Faktor 2,0 vergrößertes Bild im Abstand von 600 mm hinter der Linse. (Man überprüfe das durch eine maßstäblich verkleinerte Konstruktion.)

b) Gegeben: $f = 200\,\text{mm}$, $g = 100\,\text{mm}$.
Gesucht: b
Die Abbildungsgleichung

$$\frac{1}{f} = \frac{1}{g} + \frac{1}{b}$$

kann umgestellt werden. Es gilt dann

$$\frac{1}{b} = \frac{1}{f} - \frac{1}{g} = \frac{g-f}{f \cdot g}$$

also

$$b = \frac{f \cdot g}{g-f} = \frac{200 \cdot 100}{100 - 200}\,\text{mm} = -200\,\text{mm}$$

Der Abbildungsmaßstab ist dann

$$\beta = \frac{b}{g} = \frac{-200}{100} = -2,0$$

Interpretation: $b = -200\,\text{mm}$ (negatives Vorzeichen) bedeutet, dass das Bild *vor* der Linse (also objektseitig) entsteht. Daher handelt es sich um ein *virtuelles* Bild, vgl. obige Vertiefung. Zum Abbildungsmaßstab: Das Bild ist wiederum betragsmäßig um den Faktor 2,0 vergrößert, das *negative* Vorzeichen bedeutet hier, dass das Bild *aufrecht* ist. Denn ein *positiver* Abbildungsmaßstab, wie er in Teilaufgabe a) auftritt, bedeutet im Einklang mit Abbildung 5.4 ein *umgekehrtes* („auf dem Kopf stehendes") Bild. (Man überprüfe all dies durch eine maßstäblich verkleinerte Konstruktion.)

5.6 Übungsaufgaben

! **Übungsaufgabe 40:**

Ein Lichtstrahl tritt von Glas in Wasser ein. Der Brechungsindex von Wasser in Bezug auf das Vakuum beträgt $n_W = 1{,}33$, der Brechungsindex von Glas in Bezug auf das Vakuum beträgt $n_G = 1{,}52$.

a) Berechnen Sie den relativen Brechungsindex.
b) Berechnen Sie den Einfallswinkel, wenn der Ausfallswinkel 60,0° beträgt. Erfolgt eine Brechung vom Lot weg oder zum Lot hin?
c) Ab welchem Grenzwinkel tritt Totalreflexion ein?

!! **Übungsaufgabe 41:**

Gegeben ist eine Sammellinse der Brennweite f.

a) Untersuchen Sie rechnerisch, für welche Gegenstandsweite (=Objektweite) ein reelles nicht vergrößertes (und nicht verkleinertes) Bild entsteht.
b) Untersuchen Sie rechnerisch, ob man mit dieser Linse ein virtuelles Bild mit Abbildungsmaßstab $-\frac{1}{2}$ erzeugen kann.

Anhang 1: Lösungen zu den Übungsaufgaben

Übungsaufgabe 1:

Die Bezeichnungen wählen wir wie in Abbildung 2.6. Endergebnisse runden wir auf 2 gültige Ziffern, da die ungenauesten Angaben in der Übungsaufgabe ebenfalls auf 2 gültige Ziffern genau sind.

a) $\alpha = \beta = 90°$. Dann ist

$$F_R = \sqrt{F_1^2 + F_2^2} = \sqrt{120^2 + 60^2}\,\mathrm{N} = 130\,\mathrm{N}$$

und

$$\sin\gamma = \frac{F_2}{F_R} = \frac{60N}{\sqrt{120^2 + 60^2}\,\mathrm{N}} = 0,447$$

also

$$\gamma = 27°$$

b) $\alpha = 120°$, $\beta = 180° - \alpha = 60°$.
Mit dem Kosinussatz folgt (Ergebnis wiederum gerundet)

$$\begin{aligned} F_R &= \sqrt{F_1^2 + F_2^2 + 2F_1 \cdot F_2 \cdot \cos(\alpha)} \\ &= \sqrt{120^2 + 60^2 + 2 \cdot 120 \cdot 60 \cdot \cos(120°)}\,\mathrm{N} \\ &= \sqrt{10800}\,\mathrm{N} = 100\mathrm{N}. \end{aligned}$$

Mit dem Sinussatz folgt dann

$$\sin\gamma = \frac{F_2}{F_R} \cdot \sin\beta = \frac{60N}{\sqrt{10800N}} \cdot \sin 60° = 0,5$$

Also $\gamma = 30°$.
Bemerkung: Hier kann die Formel mit dem Kosinussatz stur wie in Abschnitt 2.3.2 angewendet werden, da die gleiche Konfiguration und Bezeichnungsweise wie in Abbildung 2.6 vorliegt. Man hüte sich aber vor allzu sturer Anwendung von hergeleiteten geometrischen For-

meln und prüfe immer im Einzelfall, ob bei einer Übungsaufgabe die Konfiguration und Bezeichnungsweise zu einer vorgefertigten Formel passt. Oft ist es einfacher, sich selbst schnell mit einer Skizze und wenigen geometrischen Grundformeln die richtige Formel selbst herzuleiten! Siehe dazu auch *Übungsaufgabe 2.*

c) $\alpha = 180°$ bedeutet, dass $\vec{F}_1$ und $\vec{F}_2$ genau entgegengesetzt orientiert sind.

Die Beträge können dann einfach *subtrahiert* werden, es gilt

$$F_R = 120\,\mathrm{N} - 60\,\mathrm{N} = 60\,\mathrm{N}$$

Dieses Ergebnis folgt aber auch mit dem Kosinussatz:

$$\begin{aligned} F_R &= \sqrt{120^2 + 60^2 + 2 \cdot 120 \cdot 60 \cdot \cos(180°)}\,\mathrm{N} \\ &= \sqrt{3600}\,\mathrm{N} = 60\mathrm{N}. \end{aligned}$$

Die resultierende Kraft zeigt in Vorwärtsrichtung ($\gamma = 0°$), also nach rechts, was ohne Rechnung klar ist.
Bemerkung: Wäre der Betrag von $\vec{F}_2$ größer als der von $\vec{F}_1$, so würde die Resultierende nach links zeigen ($\gamma = 180°$).

Übungsaufgabe 2:

Wir tragen in die Skizze die relevanten Kräfte und Winkel ein. Im Punkt A wirken jeweils die Zugkräfte $\vec{F}_{Z1}$ und $\vec{F}_{Z2}$, welche durch eine Zerlegung der Gewichtskraft $\vec{F}$ zustande kommen. Da sich A in der Mitte zwischen den Masten befindet, müssen (aus Symmetriegründen) die Beträge der beiden Zugkräfte gleich sein, d. h. $F_{Z1} = F_{Z2}$, es liegt also ein gleichschenkliges Kräfteparallelogramm vor. Der Winkel α kann daher an den entsprechenden Stellen im Kräfteparallelogramm eingetragen werden.

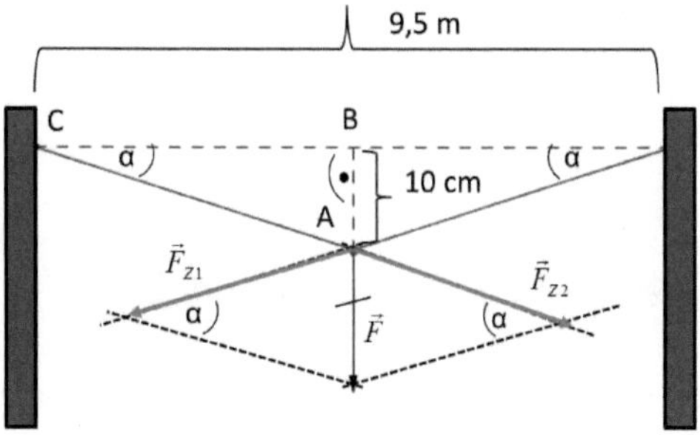

Mit dem Kosinussatz erhalten wir nun (vergleiche auch Bemerkung in der lösung zu *Übungsaufgabe 1* b))

$$F^2 = F_{Z1}^2 + F_{Z2}^2 - 2F_{Z1} \cdot F_{Z2} \cdot \cos\alpha$$

Mit $F_{Z1} = F_{Z2}$ folgt dann nach kurzer Umformung

$$F^2 = 2F_{Z1}^2 \cdot (1 - \cos\alpha$$

bzw.

$$F_{Z1} = \frac{F}{\sqrt{2 \cdot (1 - \cos\alpha)}} = \frac{m \cdot g}{\sqrt{2 \cdot (1 - \cos\alpha)}}$$

Der Winkel α kann aus dem Dreieck ABC bestimmt werden, wobei B lotrecht über A liegt und C der linke Befestigungspunkt des Seils ist. Es gilt dann

$$\tan\alpha = \frac{0,10\,\text{m}}{9,5/2\,\text{m}} = \frac{2}{95}, \quad \text{also} \quad \alpha = \arctan\left(\frac{2}{95}\right) = 1,21^\circ$$

Dann folgt schließlich

$$F_{Z1} = \frac{m \cdot g}{\sqrt{2 \cdot (1 - \cos\alpha)}} = \frac{0,490\,\text{kg} \cdot 10\,\frac{\text{N}}{\text{kg}}}{\sqrt{2 \cdot \left(1 - \cos\left(\arctan\frac{2}{95}\right)\right)}} = 230\,\text{N}.$$

Übungsaufgabe 3:

Abbildung 2.14 entnehmen wir

$$F_N = F_g \cdot \cos\alpha \text{ und } \mathrm{F_H} = \mathrm{F_g} \cdot \sin\alpha$$

Die so genannte Hangabtriebskraft $\vec{F}_H$ zieht den Körper entlang der schiefen Ebene hinunter. Dieser Hangabtriebskraft muss die gesuchte Kraft entgegengesetzt werden, damit dieses Abrutschen nicht geschieht. Die gesuchte Kraft $\vec{F}$ hat also den gleichen Betrag wie die Hangabtriebskraft, aber die entgegengesetzte Richtung. Es gilt dann also für den Betrag

$$\begin{aligned} F &= F_H = F_g \cdot \sin\alpha \\ &= \frac{F_N}{\cos\alpha} \cdot \sin\alpha = F_N \cdot \tan\alpha = 200\,\mathrm{N} \cdot \tan 30^\circ = 115\,\mathrm{N}. \end{aligned}$$

Übungsaufgabe 4:

Die Last ist auf 3 lose Rollen bzw. 6 Seilabschnitte aufgeteilt, d. h.

$$F = \frac{F_g}{6} = \frac{m \cdot g}{6} = \frac{100\mathrm{kg} \cdot 10\,\frac{\mathrm{N}}{\mathrm{kg}}}{6} = 170\,\mathrm{N}$$

Übungsaufgabe 5:

Den Bezugspunkt O setzen wir in den Punkt A. Wir bezeichnen die Bewegung des ersten Autos mit dem Index 1, die des zweiten Fahrzeugs mit dem Index 2. Dann gilt

$$s_1(t) = \frac{1}{2} a \cdot t^2$$ *(Anfangsgeschwindigkeit und Anfangsort jeweils Null)*

und

$$s_2(t) = v_0 \cdot t + s_0$$

Beide Fahrzeuge treffen sich, wenn $s_1(t) = s_2(t)$. Beim Einsetzen bitte beachten, dass v_0 *negativ* ist, da sich das zweite Fahrzeug auf das erste zubewegt, also „nach links“ fährt, wenn das erste Auto „nach rechts“ fährt.

Es folgt

$$\frac{1}{2} a \cdot t^2 = v_0 \cdot t + s_0$$

also

$$t^2 - 2\frac{v_0}{a} \cdot t - 2\frac{s_0}{a} = 0 (quadratische Gleichung)$$

Dann ist

$$t_{1,2} = \frac{2\frac{v_0}{a} \pm \sqrt{4\frac{v_0^2}{a^2} + 8\frac{s_0}{a}}}{2} = \frac{v_0}{a} \pm \sqrt{\frac{v_0^2}{a^2} + 2\frac{s_0}{a}}$$

Die „–“-Lösung (t_2) liefert einen negativen Wert und ist daher physikalisch nicht sinnvoll. Es bleibt also

$$t_1 = \frac{v_0}{a} + \sqrt{\frac{v_0^2}{a^2} + 2\frac{s_0}{a}}$$

Diese Zeit kann man nun in $s_1(t) = s_2(t)$ einsetzen. Eingesetzt ergibt sich dann der Ort Zusammentreffens zu

$$\begin{aligned} s_2(t_1) &= v_0 \cdot t_1 + s_0 = v_0 \cdot \left(\frac{v_0}{a} + \sqrt{\frac{v_0^2}{a^2} + 2\frac{s_0}{a}} \right) + s_0 \\ &= -20\,\frac{\mathrm{m}}{\mathrm{s}} \cdot \left(\frac{-20\,\frac{\mathrm{m}}{\mathrm{s}}}{2{,}5\,\frac{\mathrm{m}}{\mathrm{s}^2}} + \sqrt{\frac{\left(-20\,\frac{\mathrm{m}}{\mathrm{s}}\right)^2}{\left(2{,}5\,\frac{\mathrm{m}}{\mathrm{s}^2}\right)^2} + 2 \cdot \frac{300\,\mathrm{m}}{2{,}5\,\frac{\mathrm{m}}{\mathrm{s}^2}}} \right) + 300\,\mathrm{m} \\ &= 110\,\mathrm{m}. \end{aligned}$$

Dabei ist $72\,\frac{\mathrm{km}}{\mathrm{h}} = 20\,\frac{\mathrm{m}}{\mathrm{s}}$.

Übungsaufgabe 6:

Das s-t-Gesetz beim senkrechten Wurf lautet $s(t) = -\frac{1}{2} g \cdot t^2 + v_0 \cdot t + s_0$. Nach der Wurfzeit ist der Ball am Boden, also bei der Höhe Null angekommen. Das s-t-Gesetz muss also Null gesetzt und nach der Anfangsgeschwindigkeit v_0 aufgelöst werden.

Dann gilt

$$v_0 = \frac{s(t) + \frac{1}{2} g \cdot t^2 - s_0}{t} = \frac{0 + \frac{1}{2} \cdot 10\,\frac{\mathrm{m}}{\mathrm{s}^2} \cdot 2,5^2 \mathrm{s}^2 - 30\mathrm{m}}{2,5\mathrm{s}} = 0,50\,\frac{\mathrm{m}}{\mathrm{s}}$$

Da der Wert *positiv* ist, wurde der Ball *nach oben* abgeworfen.

Übungsaufgabe 7:

a) Die Problemstellung kann als waagerechter Wurf aufgefasst werden. Es gilt $s_x(t) = v_{0x} \cdot t$ und $s_y(t) = -\frac{1}{2} g \cdot t^2 + s_{0y}$, wobei $s_x(t) = 1{,}5\,\mathrm{m}$, $s_y(t) = 0$ und $s_{0y} = 1{,}0\,\mathrm{m}$ gegeben sind.
Dann gilt

$$v_{0x} = \frac{s_x(t)}{t}$$

sowie

$$t = \sqrt{\frac{2 \cdot (s_{0y} - s_y(t))}{g}}$$ *(Die Fallzeit ist unabhängig von der Austrittsgeschwindigkeit!)*

Es folgt also

$$v_{0x} = s_x(t) \cdot \sqrt{\frac{g}{2 \cdot (s_{0y} - s_y(t))}} = 1,5\,\mathrm{m} \cdot \sqrt{\frac{10\,\frac{\mathrm{m}}{\mathrm{s}^2}}{2 \cdot 1,0\,\mathrm{m}}} = 3,4\,\frac{\mathrm{m}}{\mathrm{s}}$$

b) Mit den Bezeichnungen wie in Abbildung 2.22 folgt

$$\tan\alpha = \frac{v_y}{v_{x0}}$$

d. h.

$$v_{x0} = \frac{v_y}{\tan\alpha}$$

Außerdem ist beim waagerechten Wurf

$$v_y(t) = -g \cdot t$$

Daher ergibt sich

$$v_{x0} = \frac{-g \cdot t}{\tan\alpha}$$

In a) wurde bereits die Beziehung $t = \sqrt{\frac{2\cdot(s_{0y}-s_y(t))}{g}}$ aufgestellt. So folgt schließlich

$$v_{x0} = \frac{-g}{\tan\alpha} \cdot \sqrt{\frac{2 \cdot (s_{0y} - s_y(t))}{g}} = \frac{-\sqrt{2g \cdot (s_{0y} - s_y(t))}}{\tan\alpha}$$

$$= \frac{-\sqrt{2 \cdot 10\,\frac{\mathrm{m}}{\mathrm{s}^2} \cdot 1\,\mathrm{m}}}{\tan(-45°)} = 4{,}5\,\frac{\mathrm{m}}{\mathrm{s}}.$$

c) Wir eliminieren die Zeit, in dem wir zunächst $s_x(t) = v_{0x} \cdot t$ nach der Zeit auflösen, d. h.

$$t = \frac{s_x}{v_{0x}}$$

und das Ergebnis in $s_y(t) = -\frac{1}{2} g \cdot t^2 + s_{0y}$ einsetzen, also

$$s_y = -\frac{1}{2} g \cdot \left(\frac{s_x}{v_{0x}}\right)^2 + s_{0y} = -\frac{1}{2} \frac{g}{v_{0x}^2} \cdot s_x^2 + s_{0y}$$

s_y ist also eine *quadratische* Funktion (Parabel!) von s_x (g, v_{0x} und s_{0y} sind feste Parameter, also Konstanten). Man spricht daher von der so genannten *Wurfparabel*!

Übungsaufgabe 8:

Es liegt ein *schiefer Wurf* vor. Wir bestimmen zunächst die *Wurfweite* in Abhängigkeit des Abwurfwinkels α. Dazu benötigen wir

$$s_x(t) = v_0 \cdot t \cdot \cos\alpha$$

und

$$s_y(t) = -\frac{1}{2} g \cdot t^2 + v_0 \cdot t \cdot \sin\alpha + s_{0y} = -\frac{1}{2} g \cdot t^2 + v_0 \cdot t \cdot \sin\alpha$$

mit $s_{0y} = 0$ laut Aufgabenstellung
Die Bedingung, dass das Geschoss am Boden auftrifft, ist $s_y(t) = 0$. Daraus folgt$-\frac{1}{2} g \cdot t^2 + v_0 \cdot t \cdot \sin\alpha = 0$
bzw. durch Ausklammern

$$t \cdot \left(-\frac{1}{2} g \cdot t + v_0 \cdot \sin\alpha\right) = 0$$

Diese Gleichung besitzt zwei Lösungen. Die Lösung $t = 0$ ist nicht die gesuchte Lösung (sondern charakterisiert die Starthöhe Null zum Zeitpunkt Null). Daher muss gelten

$$-\frac{1}{2}g \cdot t + v_0 \cdot \sin\alpha = 0,$$

d. h.

$$t = \frac{2 \cdot v_0 \cdot \sin\alpha}{g}.$$

Diese Zeit setzen wir in $s_x(t) = v_0 \cdot t \cdot \cos\alpha$ ein, um die Wurfweite zu erhalten: $s_x = v_0 \cdot t \cdot \cos\alpha = v_0 \cdot \frac{2 \cdot v_0 \cdot \sin\alpha}{g} \cdot \cos\alpha = \frac{2v_0^2}{g} \cdot \sin\alpha \cdot \cos\alpha.$

Bei fest gegebener Anfangsgeschwindigkeit und bekannter Fallbeschleunigung (Ortsfaktor) ist die Wurfweite also nur noch eine Funktion des Abwurfwinkels. Soll diese Funktion maximiert werden, so kennen wir aus der Mathematik die *Methode der Bestimmung von lokalen Extremwerten* (Maxima / Minima, vgl. z. B. [3]) mit Hilfe der Ableitung. Wir leiten also die Wurfweite nach dem Abwurfwinkel ab und erhalten

$$s_x' = \frac{2v_0^2}{g} \cdot (\cos\alpha \cdot \cos\alpha - \sin\alpha \cdot \sin\alpha) = \frac{2v_0^2}{g} \cdot \left(1 - 2 \cdot \sin^2\alpha\right)$$

Dabei haben wir die Produktregel der Differentialrechnung verwendet sowie die Beziehungen $(\sin\alpha)' = \cos\alpha$, $(\cos\alpha)' = -\sin\alpha$ und $\cos^2\alpha = 1 - \sin^2\alpha$, vgl. auch Abschnitte 1.7.1 und 1.7.2 und / oder auch [3].

Wir setzen die Ableitung gleich Null,

$$s_x' = \frac{2v_0^2}{g} \cdot \left(1 - 2 \cdot \sin^2\alpha\right) = 0 \quad \text{d.h.} \quad \sin^2\alpha = \frac{1}{2}$$

Für $0° < \alpha < 90°$ ist die einzige Lösung $\alpha = 45°$.
(Und s_x' hat beim Durchlaufen der Stelle $\alpha = 45°$ einen Vorzeichenwechsel von „plus“ nach „minus“, daher liegt tatsächlich ein Maximum vor.)

Bemerkung:

Dieses Ergebnis war aus Symmetriegründen bereits zu vermuten.

Übungsaufgabe 9:

Die resultierende Geschwindigkeit $\vec{v}_{res}$ soll nach Norden (oben) zeigen. Sie setzt sich aus der „Eigengeschwindigkeit" des Flugzeugs $\vec{v}_{Flugzeug}$ und der Windgeschwindigkeit $\vec{v}_{Wind}$ (aus westlicher Richtung, also *rechtwinklig* auf der resultierenden Geschwindigkeit) durch *Vektoraddition* zusammen. Für die Richtung α ergibt sich also

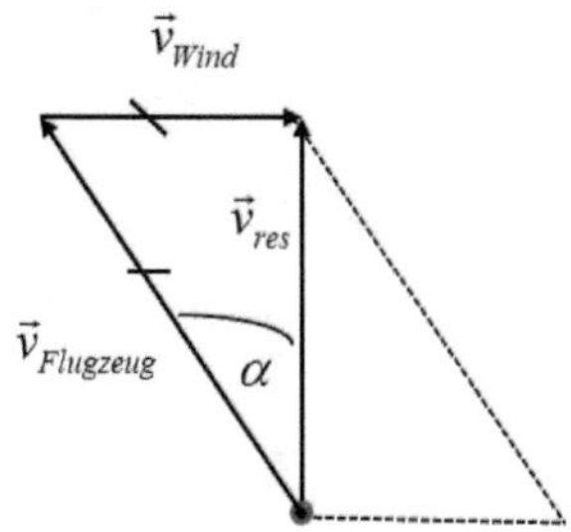

$$\sin\alpha = \frac{v_{Wind}}{v_{Flugzeug}}$$

bzw.

$$\alpha = \arcsin\left(\frac{v_{Wind}}{v_{Flugzeug}}\right) = \arcsin\left(\frac{25}{150}\right) = 9{,}6^\circ$$

(in nordnordwestlicher Richtung).

Bemerkung:

Man beachte auch, dass die resultierende Geschwindigkeit hier betragsmäßig kleiner ist als die Eigengeschwindigkeit des Flugzeugs. Die Reisezeit erhöht sich also.

Übungsaufgabe 10:

Die Haftreibungskraft wirkt der Hangabtriebskraft entgegen. Der Klotz rutscht, wenn $F_H > F_{Haft,max}$, d. h. wenn die Hangabtriebskraft die maximale Haftreibungskraft übersteigt. Im Grenzfall ist $F_H = F_{Haft,max}$, woraus der Grenzwinkel bestimmt werden kann, ab dem das Rutschen beginnt. In der untenstehenden Abbildung haben wir die Haftreibungskraft als im Schwerpunkt des Körpers angreifend dargestellt, da wir wie gewohnt den Körper durch seinen Schwerpunkt ersetzen. In der Abbildung ist gerade der Grenzwinkel α dargestellt, bei welchem $F_H = F_{Haft,max}$ gilt. Es folgt dann

$$m \cdot g \cdot \sin\alpha = \mu_{Haft} \cdot F_N = \mu_{Haft} \cdot m \cdot g \cdot \cos\alpha$$

Daraus ergibt sich dann

$$\frac{\sin\alpha}{\cos\alpha} = \mu_{Haft} \quad (\textit{Masse und Ortsfaktor kürzen sich!})$$

Mit der trigonometrischen Beziehung $\frac{\sin\alpha}{\cos\alpha} = \tan\alpha$ erhalten wir schließlich

$$\tan\alpha = \mu_{Haft} \text{ bzw. } \alpha = \arctan\mu_{\text{Haft}} = \arctan 0,6 = 31^\circ$$

Ab diesem Grenzwinkel beginnt der Klotz die Ebene herunterzurutschen.

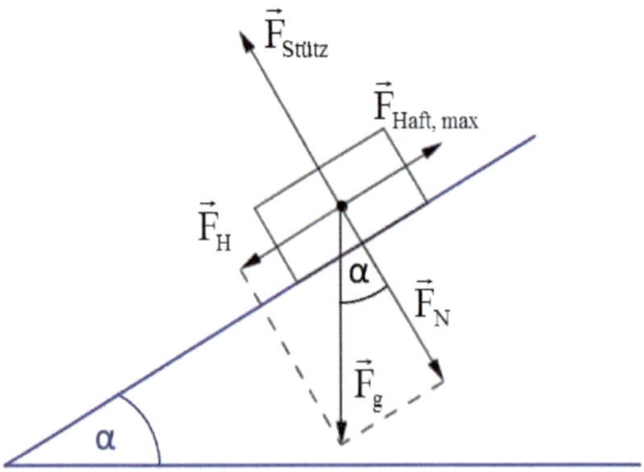

Bemerkung:

Diese Übungsaufgabe enthielt einige Zahlenangaben im Aufgabentext, die letztendlich zur Lösung der Aufgabe gar nicht benötigt wurden.

Übungsaufgabe 11:

Die Hangabtriebskraft beschleunigt den Körper entlang der schiefen Ebene nach unten, die Gleitreibungskraft wirkt der Hangabtriebskraft genau entgegen (Skizze: ähnlich wie bei Übungsaufgabe 10, nur Haft- durch Gleitreibungskraft ersetzen). Die resultierende beschleunigende Kraft ist also

$$
\begin{aligned}
F &= F_H - F_{Gleit} = m \cdot g \cdot \sin\alpha - \mu_{Gleit} \cdot m \cdot g \cdot \cos\alpha \\
&= m \cdot g \cdot (\sin\alpha - \mu_{Gleit} \cdot \cos\alpha) \\
&= 2{,}0\,\mathrm{kg} \cdot 10\,\frac{\mathrm{m}}{\mathrm{s}^2} \cdot (\sin 30^\circ - 0{,}35 \cdot \cos 30^\circ) = 3{,}9\,\mathrm{kg}\,\frac{\mathrm{m}}{\mathrm{s}^2} = 3{,}9\,\mathrm{N}.
\end{aligned}
$$

Die Beschleunigung kann aus dem Grundgesetz der Dynamik bestimmt werden. Es gilt

$$
\begin{aligned}
a &= \frac{F}{m} = g \cdot (\sin\alpha - \mu_{Gleit} \cdot \cos\alpha) \\
&= 10\,\frac{\mathrm{m}}{\mathrm{s}^2} \cdot (\sin 30^\circ - 0{,}35 \cdot \cos 30^\circ) = 2{,}0\,\frac{\mathrm{m}}{\mathrm{s}^2}.
\end{aligned}
$$

Übungsaufgabe 12:

a) Der Aufbau entspricht Musteraufgabe 4 (vgl. dazu auch Abbildung 2.25), nur ohne Reibung.
Die beschleunigende Kraft („nach rechts“) ist also

$$F = F_2 = m_2 \cdot$$

Nach dem Grundgesetz der Dynamik gilt nun

$$F = m \cdot a$$

wobei $m = m_1 + m_2$ die *gesamte* beschleunigte Masse ist. Damit folgt durch Gleichsetzen

$$(m_1 + m_2) \cdot a = m_2 \cdot g$$

also

$$a = \frac{m_2 \cdot g}{m_1 + m_2} = \frac{0,15\,\mathrm{kg} \cdot 10\,\frac{\mathrm{m}}{\mathrm{s}^2}}{1,7\,\mathrm{kg} + 0,15\,\mathrm{kg}} = 0,81\,\frac{m}{s^2}$$

b) Nun wirkt eine resultierende beschleunigende Kraft „nach links“ (da die links angehängte Masse größer ist als die rechts angehängte), nämlich

$$F = F_2 - F_3 = m_2 \cdot g - m_3 \cdot g$$

Nach dem Grundgesetz der Dynamik gilt

$$F = m \cdot a$$

wobei $m = m_1 + m_2 + m_3$ die *gesamte* beschleunigte Masse ist. Damit folgt durch Gleichsetzen

$$(m_1 + m_2 + m_3) \cdot a = m_2 \cdot g - m_3 \cdot g$$

also

$$a = \frac{(m_2 - m_3) \cdot g}{m_1 + m_2 + m_3} = \frac{(0,15\,\text{kg} - 0,25\text{kg}) \cdot 10\,\frac{\text{m}}{\text{s}^2}}{1,7\,\text{kg} + 0,15\,\text{kg} + 0,25\text{kg}} = -0,48\,\frac{m}{s^2}$$

Übungsaufgabe 13:

a) Es liegt eine gleichmäßig beschleunigte (bzw. verzögerte) Bewegung vor. Die Bremsverzögerung wird durch die Gleitreibungskraft verursacht. Auf ebener Fahrbahn gilt

$$F = -F_{Gleit} = -\mu_{Gleit} \cdot m \cdot g$$

Das Minuszeichen haben wir eingefügt, weil die Reibungskraft entgegen der Bewegungsrichtung wirkt. Die Bremsverzögerung ist damit (Grundgesetz der Dynamik)

$$a = \frac{-F_{Gleit}}{m} = -\mu_{Gleit} \cdot g$$

Der Bremsweg kann dann mit Hilfe von

$$s(t) = \frac{1}{2} a \cdot t^2 + v_0 \cdot t \quad (Anfangsort\ s_0 = 0$$

und

$$v(t) = a \cdot t + v_0$$

bestimmt werden (vgl. dazu auch Abschnitt 2.4.3 und Musteraufgabe 2).
Dazu bestimmen wir zunächst die Bremszeit aus der Bedingung $v(t) = 0$, also $t = -\frac{v_0}{a}$. Eingesetzt ergibt sich nach kurzer Umformung

$$s = -\frac{v_0^2}{2a} = -\frac{v_0^2}{2 \cdot (-\mu_{Gleit} \cdot g)} = \frac{v_0^2}{2 \cdot \mu_{Gleit} \cdot g}$$

$$= \frac{\left(\frac{100}{3{,}6}\right)^2 \frac{\mathrm{m}^2}{\mathrm{s}^2}}{2 \cdot 0{,}40 \cdot 10\,\frac{\mathrm{m}}{\mathrm{s}^2}} = 96\,\mathrm{m}.$$

b) Der Formel für den Bremsweg $s = -\frac{v_0^2}{2a}$ entnehmen wir, dass $s \propto v_0^2$. Das bedeutet, dass sich der *Bremsweg vervierfacht*, wenn sich die *Anfangsgeschwindigkeit verdoppelt*!

c) Die resultierende verzögernde Kraft ist nun $F = F_H - F_{Gleit} = m \cdot g \cdot \sin\alpha - \mu_{Gleit} \cdot m \cdot g$. Die weiteren Rechenschritte werden analog zu Teilaufgabe a) ausgeführt, so dass wir hier etwas abkürzen können. Es folgt dann also

$$s = -\frac{v_0^2}{2a} = -\frac{v_0^2}{2 \cdot (g \cdot \sin\alpha - \mu_{Gleit} \cdot g)}$$

$$= -\frac{\left(\frac{100}{3{,}6}\right)^2 \frac{\mathrm{m}^2}{\mathrm{s}^2}}{2 \cdot (\sin(8^\circ) - 0{,}40) \cdot 10\,\frac{\mathrm{m}}{\mathrm{s}^2}} = 150\,\mathrm{m}.$$

Übungsaufgabe 14:

a) $1\,\mathrm{W} = 1\,\frac{\mathrm{J}}{\mathrm{s}} = 1\,\frac{\mathrm{Nm}}{\mathrm{s}} = 1\,\frac{\mathrm{kg}\frac{\mathrm{m}}{\mathrm{s}^2}\mathrm{m}}{\mathrm{s}} = 1\,\frac{\mathrm{kgm}^2}{\mathrm{s}^3}$.

b) Es gilt

$$W = F_s \cdot s = F \cdot \cos\alpha \cdot s$$

$$= 100\,\mathrm{N} \cdot \cos(35^\circ) \cdot 100\,\mathrm{m} = 8200\,\mathrm{Nm} = 8200\,\mathrm{J} = 8{,}2\mathrm{kJ}.$$

Übungsaufgabe 15:

a) $E_{kin} = \frac{1}{2} m \cdot v^2 = \frac{1}{2} \cdot 1150\,\mathrm{kg} \cdot \left(20\,\frac{\mathrm{m}}{\mathrm{s}}\right)^2 = 230\,\mathrm{kJ}$.

b) Aus der Bedingung $E_{kin} = E_L = m \cdot g \cdot h$ folgt

$$h = \frac{E_{kin}}{m \cdot g} = \frac{\frac{1}{2} m \cdot v^2}{m \cdot g} = \frac{v^2}{2g} = \frac{400\,\frac{\mathrm{m}^2}{\mathrm{s}^2}}{2 \cdot 10\,\frac{\mathrm{m}}{\mathrm{s}^2}} = 20\,\mathrm{m}$$

c) Durchschnittliche Leistung:

$$P = \frac{W}{\Delta t} = \frac{W_{beschl}}{\Delta t}$$

Die Beschleunigungsarbeit entspricht der kinetischen Energie nach dem Beschleunigungsvorgang. Daher gilt also

$$P = \frac{E_{kin}}{\Delta t} = \frac{\frac{1}{2} m \cdot v^2}{\Delta t}$$
$$= \frac{\frac{1}{2} \cdot 1150\,\text{kg} \cdot \left(20\,\frac{\text{m}}{\text{s}}\right)^2}{4{,}5\,\text{s}} = 51\,\text{kW}.$$

d) Gesucht ist die *Momentanleistung* (zu jedem Zeitpunkt):
Es gilt $P(t) = F_s \cdot v(t)$. Dabei erhalten wir die Geschwindigkeit zu jedem Zeitpunkt aus dem v-t-Gesetz der gleichmäßig beschleunigten Bewegung aus der Ruhe. Es gilt

$$v(t) = a \cdot t$$

Die Beschleunigung erhalten wir aus den Angaben im Aufgabentext aus

$$a = \frac{\Delta v}{\Delta t} = \frac{20\,\frac{\text{m}}{\text{s}}}{4,5\,\text{s}} = 4,4\,\frac{\text{m}}{\text{s}^2}$$

Außerdem ist nach dem Grundgesetz der Dynamik

$$F_s = m \cdot a$$

Damit folgt

$$P(t) = F_s \cdot v(t) = m \cdot a \cdot a \cdot t = m \cdot a^2 \cdot t$$
$$= 1150\,\text{kg} \cdot \left(\frac{20\,\frac{\text{m}}{\text{s}}}{4{,}5\,\text{s}}\right)^2 \cdot t = 22700\,\text{kg}\,\frac{\text{m}^2}{s^4} \cdot t.$$

Die Leistung steigt also linear mit der Zeit t an.

Übungsaufgabe 16:

Wir können nach dem Schema wie in Musteraufgabe 5 vorgehen. Es empfiehlt sich, zunächst für a) und b) das System und das Nullniveau festzulegen und das in c) dann neu zu definieren.

a) [1] *Abgrenzung des Systems*: Tisch(-Ebene) mit befestigter Feder und Kugel.
[2] Das *Nullniveau* legen wir in die Tischebene (in den Teilaufgaben a) und b) benötigen wir keine Lageenergie).
[3] In den Teilaufgaben a) und b) finden Energieumwandlungen zwischen kinetischer Energie und Spannenergie statt.
Wir vereinbaren folgende Benennung:
A: Startpunkt (zusammengedrückte Feder, Feder um $s_A = 3{,}0\,\text{cm}$ zusammengedrückt)
B: Feder um $s_B = 1{,}0\,\text{cm}$ zusammengedrückt
C: Feder entspannt (für Teilaufgabe b)), d.h. $s_C = 0$ (keine Spannenergie!)
Dann gilt:

$$A\colon E_{sp}^{(A)} = E_{ges}^{(A)} \;\; bzw. \;\; \frac{1}{2} k \cdot s_A^2 = E_{ges}^{(A)} (E_{kin}^{(A)} = 0),$$

$$B\colon E_{kin}^{(B)} + E_{sp}^{(B)} = E_{ges}^{(B)} \;\; \text{bzw.} \;\; \frac{1}{2}\text{m} \cdot \text{v}_\text{B}^2 + \frac{1}{2}\text{k} \cdot \text{s}_\text{B}^2 = \text{E}_\text{ges}^\text{(B)}.$$

[4] Aus $E_{ges}^{(A)} = E_{ges}^{(B)}$ kann die Geschwindigkeit im Punkt *B* berechnet werden. Denn aus

$$\frac{1}{2} k \cdot s_A^2 = \frac{1}{2} m \cdot v_B^2 + \frac{1}{2} k \cdot s_B$$

folgt dann nach kurzer Umformung

$$v_B = \sqrt{\frac{k}{m} \cdot (s_A^2 - s_B^2)}$$
$$= \sqrt{\frac{620\,\frac{\text{N}}{\text{m}}}{1\,\text{kg}} \cdot (0{,}03^2 - 0{,}01^2)\,\text{m}^2} = 0{,}70\,\frac{\text{m}}{\text{s}}.$$

(Zu den Einheiten unter der Wurzel:

$$1\,\frac{\mathrm{N}}{\mathrm{mkg}}\,\mathrm{m}^2 = 1\,\frac{\mathrm{Nm}}{\mathrm{kg}} = 1\,\frac{\frac{\mathrm{kg}}{\mathrm{s}^2}\,\mathrm{m}\cdot\mathrm{m}}{\mathrm{kg}} = 1\,\frac{\mathrm{m}^2}{\mathrm{s}^2}.$$

b) Mit den Festlegungen und Bezeichnungen aus a) folgt:

$$C\colon E_{kin}^{(C)} = E_{ges}^{(C)} \text{ bzw. } \frac{1}{2}\mathrm{m}\cdot\mathrm{v}_\mathrm{C}^2 = \mathrm{E}_\mathrm{ges}^{(\mathrm{C})} \quad (\mathrm{E}_\mathrm{sp}^{(\mathrm{C})} = 0),$$

und somit folgt aus

$$E_{ges}^{(A)} = E_{ges}^{(C)}$$

schließlich

$$\frac{1}{2}k\cdot s_A^2 = \frac{1}{2}m\cdot v_C^2$$

Daraus erhalten wir

$$v_C = \sqrt{\frac{k}{m}\cdot s_a^2} = \sqrt{\frac{k}{m}}\cdot s_a$$
$$= \sqrt{\frac{620\,\frac{\mathrm{N}}{\mathrm{m}}}{1{,}0\,\mathrm{kg}}}\cdot 0{,}03\,\mathrm{m} = 0{,}75\,\frac{\mathrm{m}}{\mathrm{s}}.$$

c) [1] *Abgrenzung des Systems*: Tisch(-Ebene) mit befestigter Feder und Kugel sowie angrenzender Boden unter dem Tisch.
[2] Das *Nullniveau* legen wir nun in die *Bodenebene*.
[3] Folgende Festlegungen:
D: Auftreffpunkt am Boden ($E_L^{(D)} = E_{sp}^{(D)} = 0$).
A: Startpunkt wie in Teilaufgaben a) und b), allerdings nun unter Einbeziehung der Lageenergie, da sich die Tischplatte über dem Boden befindet und sich nicht mehr alles in der Tischebene abspielt! Außerdem ist wie gehabt $E_{kin}^{(A)} = 0$.
Dann gilt:

$$A\colon E_{sp}^{(A)} + E_L^{(A)} = E_{ges}^{(A)} \text{ bzw. } \frac{1}{2}\mathrm{k}\cdot\mathrm{s}_\mathrm{A}^2 + \mathrm{m}\cdot\mathrm{g}\cdot\mathrm{h}_\mathrm{A} = \mathrm{E}_\mathrm{ges}^{(\mathrm{A})},$$

$$D\colon E_{kin}^{(D)} = E_{ges}^{(D)} \text{ bzw. } \frac{1}{2}\mathrm{m}\cdot\mathrm{v}_\mathrm{D}^2 = \mathrm{E}_\mathrm{ges}^{(\mathrm{D})}.$$

[4] Aus $E_{ges}^{(A)} = E_{ges}^{(D)}$ kann die Geschwindigkeit im Punkt D berechnet werden. Denn aus

$$\frac{1}{2}k \cdot s_A^2 + m \cdot g \cdot h_A = \frac{1}{2}m \cdot v_D$$

folgt dann nach kurzer Umformung

$$v_D = \sqrt{\frac{k}{m} \cdot s_A^2 + 2g \cdot h_A}$$
$$= \sqrt{\frac{620\,\frac{\mathrm{N}}{\mathrm{m}}}{1\,\mathrm{kg}} \cdot 0{,}03^2\,\mathrm{m}^2 + 2 \cdot 10\,\frac{\mathrm{m}^2}{\mathrm{s}^2} \cdot 1{,}1\,\mathrm{m}} = 4{,}7\,\frac{\mathrm{m}}{\mathrm{s}}.$$

Auftreffwinkel α gegen die Horizontale aus (vgl. dazu Abbildung 2.22; wir geben hier α als positiven Winkel an):

$$\cos\alpha = \frac{v_{0x}}{v} = \frac{v_C}{v_D} = \frac{\sqrt{\frac{k}{m}} \cdot s_a}{\sqrt{\frac{k}{m} \cdot s_A^2 + 2g \cdot h_A}} = 0,157, \quad \text{also} \quad \alpha = 81^\circ$$

Zur Erläuterung: Die Abwurfgeschwindigkeit ist die Geschwindigkeit nach dem Beschleunigungsvorgang, also $v_{0x} = v_C$.

Übungsaufgabe 17:

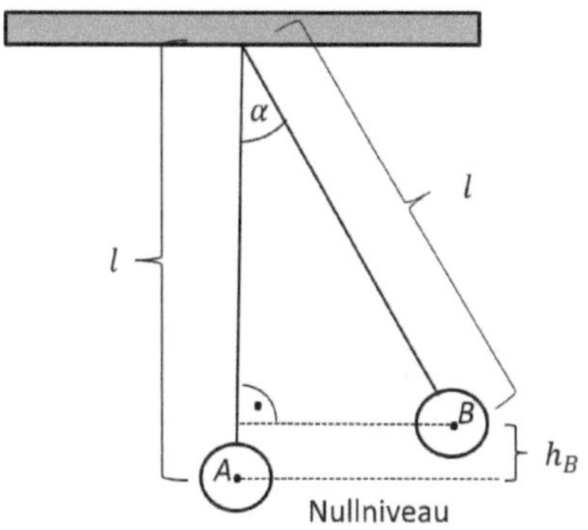

Die ausgelenkte Position ist in der Abbildung durch den Punkt B gekennzeichnet, die tiefste Position durch den Punkt A. Dort wird auch das Nullniveau angesetzt.

Zu Beginn (ausgelenkt, Position *B*) ist die Gesamtenergie als Lageenergie gespeichert.

$$E_{ges}^{(B)} = m \cdot g \cdot h_B$$

Dabei ist h_B die Höhe über der tiefsten Position (*A*).

Wird das Pendel losgelassen, so wird die maximale Geschwindigkeit in der tiefsten Position (*A*) erreicht, denn dort muss die gesamte Energie als kinetische Energie gespeichert sein (die Lageenergie ist dort Null). Es gilt

$$E_{ges}^{(A)} = \frac{1}{2} m \cdot v_A^2$$

Mit $E_{ges}^{(A)} = E_{ges}^{(B)}$ folgt dann

$$\frac{1}{2} m \cdot v_A^2 = m \cdot g \cdot h_B$$

und daher

$$v_A = \sqrt{2g \cdot h_B}$$

Wir müssen noch h_B bestimmen. Es gilt

$$\cos\alpha = \frac{l - h_B}{l} = 1 - \frac{h_B}{l}$$

Damit ergibt sich

$$h_B = l \cdot (1 - \cos\alpha)$$

Somit erhalten wir schließlich

$$\begin{aligned} v_A &= \sqrt{2g \cdot l \cdot (1 - \cos\alpha)} \\ &= \sqrt{2 \cdot 10 \frac{\mathrm{m}}{\mathrm{s}^2} \cdot 0{,}60\,\mathrm{m} \cdot (1 - \cos 30^\circ)} = 1{,}3\,\frac{\mathrm{m}}{\mathrm{s}}. \end{aligned}$$

Übungsaufgabe 18:

Da ein vollkommen elastischer Stoß vorliegt, müssen wir mit dem *Impulserhaltungssatz und dem Energieerhaltungssatz der Mechanik* rechnen.

1. Impulsbilanz:

$$p_1^{(vor)} + p_2^{(vor)} = p_1^{(nach)} + p_2^{(nach)}$$

also

$$m_1 \cdot v_1 + m_2 \cdot v_2 = m_1 \cdot u_1 + m_2 \cdot u_2$$

Mit $v_2 = 0$ und $m_2 = 3 \cdot m_1$ folgt

$$m_1 \cdot v_1 = m_1 \cdot u_1 + 3 \cdot m_1 \cdot u_2$$

Dann kann man die Masse kürzen, es gilt also

$$v_1 = u_1 + 3 \cdot u_2 \qquad (Gl.\ 1)$$

2. Energiebilanz:

$$E_{ges}^{(vor)} = E_{ges}^{(nach)}$$

also (es treten nur kinetische Energien auf)

$$\frac{1}{2} m_1 \cdot v_1^2 + \frac{1}{2} m_2 \cdot v_2^2 = \frac{1}{2} m_1 \cdot u_1^2 + \frac{1}{2} m_2 \cdot u_2^2$$

Mit $v_2 = 0$ und $m_2 = 3 \cdot m_1$ folgt

$$\frac{1}{2} m_1 \cdot v_1^2 = \frac{1}{2} m_1 \cdot u_1^2 + \frac{3}{2} m_1 \cdot u_2^2$$

Auch hier kürzt sich die Masse heraus sowie der Faktor $\frac{1}{2}$, so dass wir

$$v_1^2 = u_1^2 + 3 \cdot u_2^2 \qquad (Gl.\ 2)$$

erhalten.
Impuls- und Energieerhaltungssatz liefern also (Gl. 1) und (Gl. 2). Das sind zwei Gleichungen mit den beiden Unbekannten u_1 und u_2. Wir lösen (Gl. 1) nach u_1 auf und setzen dies dann in (Gl. 2) ein, also

$$u_1 = v_1 - 3 \cdot u_2 \qquad (Gl.\ 1^*)$$

und

$$v_1^2 = (v_1 - 3 \cdot u_2)^2 + 3 \cdot u_2^2 \quad (Gl.\ 2^*)$$

Durch Ausquadrieren und Umformen von (Gl. 2*) erhalten wir

$$12 \cdot u_2^2 - 6 \cdot v_1 \cdot u_2 =$$

bzw.

$$u_2 \cdot (2 \cdot u_2 - v_1) = 0$$

(Gl. 2*) liefert also zwei *mathematische* Lösungen, nämlich

$$u_2 = \frac{1}{2} v_1 = 0,50 \frac{\mathrm{m}}{\mathrm{s}} \text{ (A)} \quad \text{sowie} \quad \mathrm{u}_2 = 0 \text{ (B)}$$

Wir setzen beide Lösungen in (Gl 1*) ein und überprüfen dann, welche Lösung die physikalische ist (es kann ja nur genau eine physikalisch sinnvolle Lösung geben!):
(A) in (Gl. 1*):

$$u_1 = v_1 - 3 \cdot u_2 = v_1 - 3 \cdot \frac{1}{2} v_1 = -\frac{1}{2} v_1 = -0,50 \frac{\mathrm{m}}{\mathrm{s}}$$

Diese Lösung ist *physikalisch sinnvoll.* Die zweite Kugel wird nach „rechts“ angestoßen, die erste Kugel prallt an der zweiten ab und bewegt sich „nach links“ (u_1 hat negatives Vorzeichen).

(B) in $(\mathrm{Gl.}1*): \mathrm{u}_1 = \mathrm{v}_1 - 3 \cdot \mathrm{u}_2 = \mathrm{v}_1 - 3 \cdot 0 = \mathrm{v}_1.$

Diese Lösung ist *physikalisch nicht sinnvoll.* Kugel 1 würde sich demnach ungestört mit gleicher Geschwindigkeit fortbewegen, während Kugel 2 unverändert in Ruhe bliebe – die Kugeln würden sich also unbeeinflusst „durchdringen“ und weiterbewegen. Dies ist mathematisch korrekt, da es weder der Energie- noch der Impulserhaltung widerspricht, aber eben nicht physikalisch sinnvoll.

Übungsaufgabe 19:

a) Wir gehen wie in Musteraufgabe 6 vor:
Es handelt sich um einen *vollkommen inelastischen Stoß*.
Wir stellen die Impulsbilanz auf. Sie lautet

$$p_1^{(vor)} + p_2^{(vor)} = p_1^{(nach)} + p_2^{(nach)}$$

Dann können wir schreiben

$$m_1 \cdot v_1 + m_2 \cdot v_2 = m_1 \cdot u_1 + m_2 \cdot u_2$$

wobei $u_1 = u_2$ (vollkommen inelastischer Stoß).
Daher folgt für die gemeinsame Geschwindigkeit nach dem Stoß (wie in Musteraufgabe 6) mit $90\,\frac{\text{km}}{\text{h}} = 25\,\frac{\text{m}}{\text{s}}$

$$\begin{aligned} u_1 &= \frac{m_1 \cdot v_1 + m_2 \cdot v_2}{m_1 + m_2} \\ &= \frac{1500\text{kg} \cdot 25\,\frac{\text{m}}{\text{s}} + 0}{1500\text{kg} + 1000\,\text{kg}} = 15\,\frac{\text{m}}{\text{s}}. \end{aligned}$$

b) $$\begin{aligned} \Delta E_{kin} &= E_{kin}^{(nach)} - E_{kin}^{(vor)} \\ &= \frac{1}{2}(m_1 + m_2) \cdot u_1^2 - \frac{1}{2} m_1 \cdot v_1^2 \\ &= \frac{1}{2} \cdot 2500\,\text{kg} \cdot 15^2\,\frac{\text{m}^2}{\text{s}^2} - \frac{1}{2} \cdot 1500\,\text{kg} \cdot 25^2\,\frac{\text{m}^2}{\text{s}^2} = -190\,\text{kJ}. \end{aligned}$$

(negatives Vorzeichen, da Energieverlust!)

c) Das erste Auto wurde um $10\,\frac{\text{m}}{\text{s}}$ langsamer, das zweite Auto wurde um $15\,\frac{\text{m}}{\text{s}}$ schneller, also stärker beschleunigt als das erste Auto. Der Aufprall wäre also für eine *Person im zweiten Auto gefährlicher* als für eine Person im ersten Auto.

d) Es müssen einfach jeweils die Massen und die Geschwindigkeiten vor dem Stoß genau vertauscht werden. Das bedeutet

$$\begin{aligned} u_1 &= \frac{m_1 \cdot v_1 + m_2 \cdot v_2}{m_1 + m_2} \\ &= \frac{0 + 1000\text{kg} \cdot 25\,\frac{\text{m}}{\text{s}}}{1500\text{kg} + 1000\,\text{kg}} = 10\,\frac{\text{m}}{\text{s}}. \end{aligned}$$

Das erste Auto wurde nun also um $10\,\frac{\mathrm{m}}{\mathrm{s}}$ schneller, das zweite Auto wurde um $15\,\frac{\mathrm{m}}{\mathrm{s}}$ langsamer. Wiederum wird das zweite Auto betragsmäßig stärker beschleunigt als das erste Auto. *In jedem Fall ist also eine Person im leichteren Auto bei einem Unfall einer größeren Gefahr ausgesetzt als eine Person im schwereren Auto.*

Übungsaufgabe 20:

Es gilt

$$F_z = m \cdot \omega^2 \cdot r, \text{ außerdem } \omega = \frac{2\pi}{\mathrm{T}} = 2\pi \cdot \mathrm{f}$$

Damit folgt

$$F_z = 4\pi^2 \cdot m \cdot f^2 \cdot r$$

nach der Frequenz aufgelöst ergibt sich

$$\begin{aligned} f &= \sqrt{\frac{F_z}{4\pi^2 \cdot m \cdot r}} = \frac{1}{2\pi}\sqrt{\frac{F_z}{m \cdot r}} \\ &= \frac{1}{2\pi}\sqrt{\frac{250\,\mathrm{N}}{0{,}10\,\mathrm{kg} \cdot 0{,}60\,\mathrm{m}}} = 10\,\mathrm{Hz}. \end{aligned}$$

Bemerkungen:

- Die Zentripetalkraft muss von der Schnur aufgebracht werden. Überschreitet die Zentripetalkraft den Wert von 250 N, so reißt also das Seil (vorausgesetzt, man hält es am Drehpunkt gut fest).
- Zur Einheit unter der Wurzel: $1\,\frac{\mathrm{N}}{\mathrm{kgm}} = 1\,\frac{\mathrm{kg}\frac{\mathrm{m}}{\mathrm{s}^2}}{\mathrm{kgm}} = 1\,\frac{1}{\mathrm{s}^2} = 1\,\mathrm{Hz}^2$.

Übungsaufgabe 21:

Mit Hilfe der Skizze finden wir

$$\tan\alpha = \frac{F_z}{F_g} = \frac{m \cdot \omega^2 \cdot r}{m \cdot g} = \frac{\omega^2 \cdot r}{g}$$

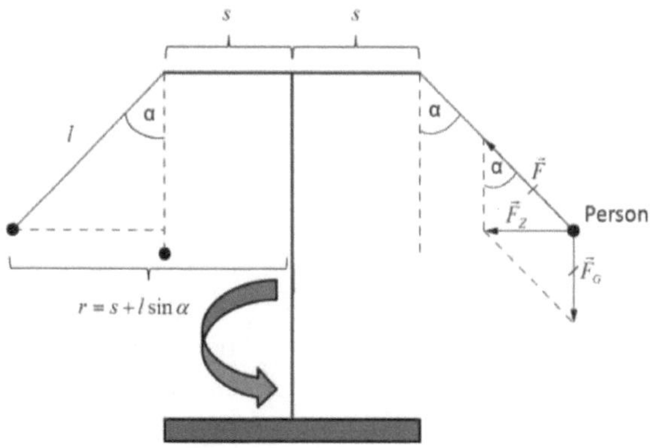

Außerdem gilt $r = s + l \cdot \sin\alpha$.
Daraus folgt

$$\omega = \sqrt{\frac{g \cdot \tan\alpha}{s + l \cdot \sin\alpha}}$$

$$= \sqrt{\frac{10\,\frac{\mathrm{m}}{\mathrm{s}^2} \cdot \tan 60°}{(6{,}5 + 5{,}5 \cdot \sin 60°)\,\mathrm{m}}} = 1{,}2\,\frac{1}{\mathrm{s}}.$$

Übungsaufgabe 22:

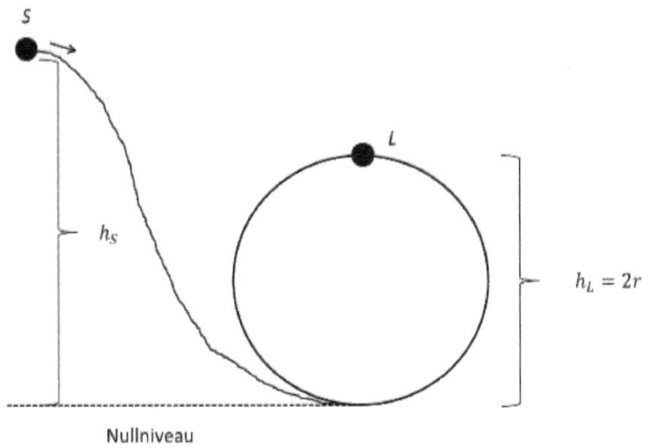

Damit die Person im höchsten Punkt der Loopingbahn (in der Skizze mit dem Punkt L bezeichnet) nicht herunter fällt, muss die Zentripetalkraft mindestens der Gewichtskraft entsprechen. Wir berechnen diesen Grenzfall: Es gilt dann

$$m \cdot g = m\frac{v_L^2}{r} \quad \text{(Gl. 1)}$$

Die Geschwindigkeit wird durch die gesuchte Starthöhe h_S beim Startpunkt S bestimmt. Der höchste Punkt der Loopingbahn befindet sich in der Höhe $h_L = 2 \cdot r$ (entspricht dem Kreisdurchmesser der Loopingbahn), siehe Skizze.

Da wir Reibung und Luftwiderstand vernachlässigen, folgt mit Hilfe des Energieerhaltungssatzes in der Mechanik (vgl. Abschnitt 2.7):

$$E_L^{(S)} + E_{kin}^{(S)} = E_L^{(L)} + E_{kin}^{(L)}, \quad \text{also}$$

$$m \cdot g \cdot h_S + 0 = m \cdot g \cdot h_L + \frac{1}{2} m \cdot v_L^2$$

Also ergibt sich

$$h_S = h_L + \frac{1}{2} \cdot \frac{v_L^2}{g} \quad \text{(Gl. 2)}$$

Wir lösen (Gl. 1) nach v_L^2 auf

$$v_L^2 = r \cdot$$

und setzen dies in (Gl. 2) ein. Es folgt dann

$$\begin{aligned} h_S &= h_L + \frac{1}{2} \cdot \frac{r \cdot g}{g} = 2 \cdot r + \frac{1}{2} r \\ &= 2{,}5 \cdot r = 2{,}5 \cdot 6{,}0\,\mathrm{m} = 15\mathrm{m}. \end{aligned}$$

Übungsaufgabe 23:

Zunächst bestimmen wir die Kreisfrequenz:

$$\omega = \frac{2\pi}{T} = \frac{2\pi}{2,00\,\mathrm{s}} = \pi \frac{1}{\mathrm{s}} = 3,14 \frac{1}{\mathrm{s}}$$

Dann ist

$$s(t) = \hat{s} \cdot \sin\left(3,14 \frac{1}{\mathrm{s}} \cdot t + \delta\right)$$

Durch Ableiten nach der Zeit erhalten wir außerdem

$$v(t) = 3,14 \frac{1}{\mathrm{s}} \cdot \hat{s} \cdot \cos\left(3,14 \frac{1}{\mathrm{s}} \cdot t + \delta\right)$$

Wir setzen nun die gegebenen Werte ein:

$$s(0) = \hat{s} \cdot \sin\left(3,14 \frac{1}{\mathrm{s}} \cdot 0 + \delta\right) = 1\,\mathrm{cm}, d.\ h$$

$$\hat{s} \cdot \sin(\delta) = 1\,\mathrm{cm} \quad (\mathrm{Gl.}\ 1)$$

bzw. entsprechend

$$3,14 \frac{1}{\mathrm{s}} \cdot \hat{s} \cdot \cos(\delta) = 1 \frac{\mathrm{cm}}{\mathrm{s}}, \text{ also}$$

$$\hat{s} \cdot \cos(\delta) = 0,318\,\mathrm{cm} \quad (\mathrm{Gl.}\ 2)$$

(Gl. 1) und (Gl. 2) sind zwei Gleichungen mit zwei Unbekannten. Am einfachsten löst man diese, indem man (Gl. 1) durch (Gl. 2) dividiert. Dann erhalten wir

$$\frac{\hat{s} \cdot \sin(\delta)}{\hat{s} \cdot \cos(\delta)} = \frac{1\,\mathrm{cm}}{0,318\mathrm{cm}}$$

Nach Kürzen der Amplitude und mit $\frac{\sin(\delta)}{\cos(\delta)} = \tan(\delta)$ folgt dann

$$\tan(\delta) = 3{,}14, \quad \text{also} \quad \delta = \arctan(3{,}14) = 1{,}26$$

(Man beachte, dass wir hier im Bogenmaß rechnen und der Taschenrechner entsprechend von DEG auf RAD umgestellt werden muss!).

Aus (Gl. 1) erhalten wir dann

$$\hat{s} = \frac{1\,\text{cm}}{\sin(\arctan(3{,}14))} = 1{,}05\,\text{cm}.$$

Das gesuchte s-t-Gesetz lautet also (mit drei gültigen Ziffern)

$$s(t) = 1{,}05\,\text{cm} \cdot \sin\left(3{,}14\frac{1}{\text{s}} \cdot t + 1,26\right)$$

Bemerkung: Wir haben, wie bereits angesprochen, die Einheit 1 rad jeweils weggelassen, was in Physik und Technik oft so praktiziert wird. Unter Verwendung dieser Einheit sähe das Endergebnis wie folgt aus:

$$s(t) = 1{,}05\,\text{cm} \cdot \sin\left(3{,}14\frac{\text{rad}}{\text{s}} \cdot t + 1{,}26\,\text{rad}\right)$$

Übungsaufgabe 24:

Gegeben: e (Ladung) *eines einzelnen* Elektrons, I, Δt
Gesucht: Anzahl der Elektronen (wir wählen dafür das Symbol N)
Wir können zunächst die in der Zeit Δt bei der Stromstärke I geflossene Ladung ΔQ berechnen.
Es gilt

$$\Delta Q = I \cdot \Delta t$$

Die Anzahl N der geflossenen Elektronen ist dann

$$N = \frac{Q}{e} = \frac{I \cdot t}{e} = \frac{1{,}4 \cdot 10^{-12}\text{A} \cdot 1{,}00\text{s}}{1{,}602 \cdot 10^{-19}C} = 8{,}7 \cdot 10^{6}$$

Man beachte dabei: 1A · s = 1C. Daher ist das Ergebnis „dimensionslos", es kommt einfach eine Zahl heraus – nämlich die Anzahl der geflossenen Elektronen, die sich aus der gesamten geflossenen Ladung dividiert durch die Ladung eines einzelnen Elektrons berechnet.

Übungsaufgabe 25:

a) Gegeben: Einheit der elektrischen Feldstärke $1\,\frac{\text{N}}{\text{C}}$
Gesucht: Einheit der elektrischen Feldstärke $1\,\frac{\text{V}}{\text{m}}$

$$1\,\frac{\text{N}}{\text{C}} = 1\,\frac{\text{N}\cdot\text{m}}{\text{m}\cdot\text{C}} = 1\,\frac{\frac{\text{J}}{\text{C}}}{\text{m}} = 1\,\frac{\text{V}}{\text{m}}$$

Man beachte dabei: Zunächst wurde geschickt mit der Einheit 1 m erweitert, um die Einheit 1 J ins Spiel zu bringen. Dabei ist $1\text{Nm} = 1\text{J}$. Außerdem ist $1\,\frac{\text{J}}{\text{C}} = 1\text{V}$.

b) Gegeben: Einheit der elektrischen Feldstärke $1\,\frac{\text{N}}{\text{C}}$
Gesucht: Einheit der elektrischen Feldstärke in Basiseinheiten (m, s, kg, A).

$$1\,\frac{\text{N}}{\text{C}} = 1\,\frac{\frac{\text{kg}\cdot\text{m}}{\text{s}^2}}{\text{A}\cdot\text{s}} = 1\,\frac{\text{kg}\cdot\text{m}}{\text{A}\cdot\text{s}^3}$$

Dabei wurde ausgenutzt: $1\text{N} = 1\,\frac{\text{kg}\cdot\text{m}}{\text{s}^2}$ sowie $1\text{C} = 1\text{A}\cdot\text{s}$.

Übungsaufgabe 26:

a) Gegeben: m, l(Fadenlänge), g,E, Q
Gesucht: Auslenkung s
Der Skizze ist zu entnehmen, dass der zur Auslenkung s gehörige Winkel ϕ durch die Beziehung

$$\sin\phi = \frac{s}{l} \quad \text{oder} \quad \text{s} = \text{l}\cdot\sin\phi \qquad \text{(Gl. 1)}$$

bestimmt ist. Dieser Winkel, und damit die Auslenkung s, stellt sich so ein, dass die horizontale *Rückstellkraft* $\vec{F}_R$ gerade entgegengesetzt gleich groß der elektrischen Feldkraft $\vec{F}_{el}$ ist, so dass Kräftegleichgewicht herrscht. Mit dem Begriff „Rückstellkraft" ist dabei die Kraft, die die ausgelenkte Kugel zurück in die Gleichgewichtslage senkrecht unter dem Aufhängepunkt treiben will, gemeint.
Für den Betrag der elektrischen Feldkraft, die auf die geladene Kugel wirkt, gilt

$$F_{el} = E\cdot Q$$

Um den Betrag der horizontalen Rückstellkraft zu bestimmen, betrachten wir die folgende Abbildung:

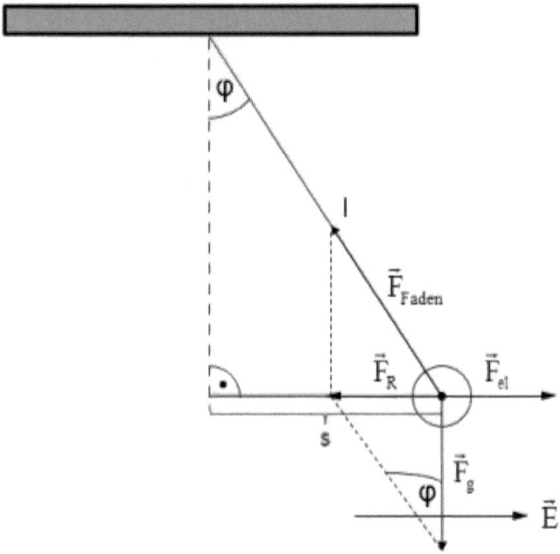

Der Abbildung entnehmen wir, dass sich die horizontale Rückstellkraft als Resultierende der Gewichtskraft $\vec{F}_g$ und der Fadenkraft $\vec{F}_{Faden}$ zusammensetzt. Es gilt

$$\tan\phi = \frac{F_R}{F_g}, \quad \text{d. h.} \quad \mathrm{F_R} = \mathrm{F_g} \cdot \tan\phi = \mathrm{m} \cdot \mathrm{g} \cdot \tan\phi$$

Wir setzen nun F_{el} und F_R gleich und erhalten

$$E \cdot Q = m \cdot \mathrm{g} \cdot \tan\phi$$

Daraus folgt

$$\tan\phi = \frac{E \cdot Q}{m \cdot \mathrm{g}}$$

oder

$$\phi = \arctan\left(\frac{E \cdot Q}{m \cdot \mathrm{g}}\right) = \arctan\left(\frac{50000\,\frac{\mathrm{N}}{\mathrm{C}} \cdot 3{,}0 \cdot 10^{-9}\mathrm{C}}{0{,}5 \cdot 10^{-3}\mathrm{kg} \cdot 10\,\frac{\mathrm{m}}{\mathrm{s}^2}}\right)$$
$$= \arctan(0{,}030) = 0{,}030\,(\mathrm{RAD}).$$

Dabei ist arctan die Umkehrung (genauer: Umkehrfunktion) der Tangensfunktion. Im Taschenrechner findet man dafür häufig das Symbol $\tan^{-1}$. Bei der Berechnung mit dem Taschenrechner sollte man auf keinen Fall die Umstellung auf RAD vergessen!
Man beachte auch, dass sich die Einheiten im Argument des arctan alle kürzen (vgl. $1\mathrm{N} = 1\frac{\mathrm{kg \cdot m}}{\mathrm{s}^2}$).
Mit (Gl. 1) folgt

$$s = l \cdot \sin\phi = l \cdot \sin\left[\arctan\left(\frac{E \cdot Q}{m \cdot g}\right)\right]$$

$$= 0{,}60\mathrm{m} \cdot \sin(0{,}030) = 0{,}018\mathrm{m} = 1{,}8\mathrm{cm}.$$

Bemerkung:
In der Aufgabe war auffällig, dass $\arctan(0{,}030) = 0{,}030$ (auf zwei gültige Ziffern gerundet; Einheit RAD!). Allgemein gilt für „kleine" Winkel:
$\tan\phi \approx \phi \approx \arctan\phi$ sowie $\sin\phi \approx \phi \approx \arcsin\phi$.

b) Gegeben: Gleiche Angaben wie in a), nur wird l verdoppelt; s gleich wie in a)
Gesucht: Q
Wir ziehen die in a) gefundene Formel für die Auslenkung s heran. Laut der obigen Bemerkung kann man für kleine Winkel – und in unserer Aufgabe liegen kleine Winkel vor, wie wir gesehen haben – dann schreiben:

$$s = l \cdot \sin\phi = l \cdot \sin\left[\arctan\left(\frac{E \cdot Q}{m \cdot g}\right)\right] \approx l \cdot \frac{E \cdot Q}{m \cdot g}$$

Wird nun die Fadenlänge verdoppelt ($l \to 2l$), so muss die Ladung halbiert werden ($Q \to 0{,}5Q$), damit die gleiche Auslenkung s resultiert. Mit den angegebenen Zahlenwerten muss also $Q = 1{,}5\mathrm{nC}$ gelten.

Übungsaufgabe 27:

a) Gegeben: m, Q, U
Gesucht: v
Das elektrische Feld beschleunigt das geladene Wattestück. Die Beschleunigungsarbeit wird vom elektrischen Feld in Form von elektrischer Arbeit aufgebracht. Diese elektrische Arbeit wird beim Beschleunigungsvorgang also in kinetische Energie umgewandelt. Wir können also den Energieerhaltungssatz anwenden, d. h.

$$W_{el} = E_{kin}$$

Dabei ist

$$W_{el} = U \cdot Q \quad \text{und} \quad \mathrm{E_{kin}} = \frac{1}{2}\mathrm{mv}^2.$$

Daraus folgt

$$U \cdot Q = \frac{1}{2} mv^2$$

oder

$$v = \sqrt{\frac{2 \cdot U \cdot Q}{m}} = \sqrt{\frac{2 \cdot 85000\mathrm{V} \cdot 120 \cdot 10^{-12}\mathrm{C}}{0{,}1 \cdot 10^{-3}\mathrm{kg}}} = 0{,}45 \frac{m}{s}$$

Dabei vereinfachten sich die Einheiten unter der Wurzel zu

$$1\frac{\mathrm{VC}}{\mathrm{kg}} = 1\frac{\frac{\mathrm{J}}{\mathrm{C}}\mathrm{C}}{\mathrm{kg}} = 1\frac{\mathrm{J}}{\mathrm{kg}} = 1\frac{\mathrm{Nm}}{\mathrm{kg}} = 1\frac{\frac{\mathrm{kgm}}{\mathrm{s}^2}\mathrm{m}}{\mathrm{kg}} = 1\frac{\mathrm{m}^2}{\mathrm{s}^2}$$

so dass nach dem Wurzelziehen die korrekte Einheit für die Geschwindigkeit, nämlich $1\,\frac{\mathrm{m}}{\mathrm{s}}$ heraus kam.

b) Gegeben: m, Q, E, t, v_{x0}
Gesucht: v_x, v_y
Die y-Richtung sei im Folgenden die Richtung, in der das elektrische Feld zeigt. Die x-Richtung entspreche der Einschussrichtung (senkrecht zum elektrischen Feld).
In y-Richtung wirkt dann die beschleunigende Kraft

$$F_{el} = E \cdot Q$$

Nach dem zweiten Newtonschen Gesetz (Grundgesetz der Dynamik, vgl. Abschnitte 2.2.1 und 2.6) gilt außerdem

$$F = m \cdot a \stackrel{!}{=} F_{el}, \quad \text{d. h.} \quad \mathrm{m \cdot a = E \cdot Q}$$

Dann folgt

$$a = \frac{E \cdot Q}{m}$$

In y-Richtung liegt eine gleichmäßig beschleunigte Bewegung aus der Ruhe vor mit

$$v_y = a \cdot t = \frac{E \cdot Q}{m} \cdot t = \frac{20000\,\frac{\mathrm{N}}{\mathrm{C}} \cdot 120 \cdot 10^{-12}\mathrm{C}}{0{,}1 \cdot 10^{-3}\mathrm{kg}} \cdot 0{,}25\mathrm{s}$$
$$= 0{,}0060\,\frac{\mathrm{m}}{\mathrm{s}}.$$

In x-Richtung liegt eine gleichförmige Bewegung mit $v_x = v_{x0} = 0{,}45\,\frac{\mathrm{m}}{\mathrm{s}}$ (vgl. Ergebnis von Teilaufgabe a)) vor. Diese Geschwindigkeitskomponente ändert sich also durch das elektrische Feld nicht, da sie senkrecht zum Feld ist. Eine Beschleunigung aufgrund einer elektrischen Feldkraft kann nur in Feldrichtung erfolgen, nicht senkrecht dazu.

c) Für die Beträge der Gewichtskraft bzw. der elektrischen Kraft gilt mit $1\mathrm{N} = 1\,\frac{\mathrm{kg \cdot m}}{\mathrm{s}^2}$

$$F_g = m \cdot g = 0,1 \cdot 10^{-3}\mathrm{kg} \cdot 10\,\frac{\mathrm{m}}{\mathrm{s}^2} = 1,0 \cdot 10^{-3}\mathrm{N}$$

sowie mit $2{,}0\,\frac{\mathrm{MN}}{\mathrm{kg}} = 2{,}0 \cdot 10^6\,\frac{\mathrm{N}}{\mathrm{kg}}$

$$F_{el} = E \cdot Q = 2,0 \cdot 10^6\,\frac{\mathrm{N}}{\mathrm{C}} \cdot 120 \cdot 10^{-12}C = 0,24 \cdot 10^{-3}\mathrm{N}.$$

Die resultierende Kraft auf das Wattestückchen ergibt sich aus der Differenz der beiden Kräfte zu 0,76mN. Sie zeigt in Richtung der Schwerkraft, also nach unten.
Die Beschleunigung ist dann nach dem zweiten Newtonschen Gesetz

$$a = \frac{F}{m} = \frac{0,76 \cdot 10^{-3}\mathrm{N}}{0,10 \cdot 10^{-3}\mathrm{kg}} = 7,6\,\frac{\mathrm{m}}{\mathrm{s}^2}$$

Das Wattestück fällt also nach unten, aber mit reduzierter Fallbeschleunigung.

Übungsaufgabe 28:

a) Gegeben: U, I
Gesucht: P_{el}

$$P_{el} = U \cdot I = 230\text{V} \cdot 2,5\text{A} = 575\text{VA} = 575\text{W}$$

Die Leistung beträgt (auf zwei gültige Ziffern) 580W.

b) Gegeben: U, I, Δt
Gesucht: W_{el}

$$W_{el} = U \cdot I \cdot \Delta t = 230V \cdot 2,5A \cdot 300s = 172500\text{J}$$

Gerundet auf 2 gültige Ziffern: 170kJ

c) Gegeben: W_{el} (in J), Preis pro kWh
Gesucht: Preis
Um eine Arbeit bzw. Energie von Joule in Kilowattstunden auszudrücken, muss der Zahlenwert durch $3{,}6 \cdot 10^6$ geteilt werden. Es folgt

$$W_{el} = \frac{172500}{3600000}\text{kWh} = 0,048\text{kWh}$$

Multipliziert man diesen Wert mit 30 Cent/kWh, so erhält man etwa 1,4 Cent.

Übungsaufgabe 29:

Gegeben: Q, r
Gesucht: E
Mit dem Coulombschen Gesetz (Abschnitt 3.1.6) folgt

$$E = \frac{1}{4\pi\varepsilon_0} \cdot \frac{Q}{r^2} == \frac{1}{4\pi \cdot 8{,}85 \cdot 10^{-12}\frac{\text{C}}{\text{Vm}}} \cdot \frac{720 \cdot 10^{-9}\text{C}}{0{,}5^2\text{m}^2}$$
$$= 26\frac{\text{kV}}{\text{m}} = 26\frac{\text{kN}}{\text{C}}.$$

Übungsaufgabe 30:

a) Da beide Lampen parallel geschaltet sind, liegt an beiden die elektrische Spannung 6,0V an. Dann können die Widerstände der beiden Lampen berechnet werden. Es gilt

$$R_1 = \frac{U}{I_1} = \frac{6,0\text{V}}{0,1\text{A}} = 60\Omega$$

$$R_2 = \frac{U}{I_2} = \frac{6,0\text{V}}{0,2\text{A}} = 30\Omega$$

Der Gesamtwiderstand berechnet sich dann aus

$$\frac{1}{R} = \frac{1}{R_1} + \frac{1}{R_2}, \textit{also}$$

$$R = \frac{R_1 \cdot R_2}{R_1 + R_2} = \frac{60\Omega \cdot 30\Omega}{(60+30)\Omega} = 20\Omega$$

b) Wir berechnen zunächst den neuen Gesamtwiderstand R_{ges} unter Verwendung des Widerstands R aus Aufgabenteil a). Es gilt

$$R_{ges} = R_3 + R = \frac{6\text{V}}{0,3\text{A}} + 20\Omega = 40\Omega$$

Die Gesamtstromstärke ist dann

$$I = \frac{U}{R_{ges}} = \frac{15\text{V}}{40\Omega} = 0,375\text{A} = 0,38\text{A} \quad (gerundet)$$

Diese Stromstärke entspricht der Stromstärke an der dritten Lampe. Die Nennstromstärke wird also überschritten.
An den Lampen 1 und 2 liegt nun die Spannung

$$U_1 = U_2 = U - U_3 = 15\text{V} - 20\boxtimes \cdot 0,375\text{A} = 7,5\text{V}$$

Dieser Wert ist jeweils höher also die Nennspannung von Lampe 1 und 2. Entsprechendes gilt für die Stromstärken, die höher als die Nennstromstärken liegen. Sie betragen

$$I_1 = \frac{7,5V}{60\Omega} = 0,13A \text{ bzw. } I_2 = \frac{7,5V}{30\Omega} = 0,25A$$

Übungsaufgabe 31:

a) Die Widerstände 2 und 4 sind parallel geschaltet.

$$\frac{1}{R_{24}} = \frac{1}{R_2} + \frac{1}{R_4}, \quad \text{d. h. } R_{24} = \frac{R_2 \cdot R_4}{R_2 + R_4}$$

Die Widerstände 1 und 3 sind dazu in Reihe geschaltet, also

$$R = R_1 + R_{24} + R_3 = R_1 + \frac{R_2 \cdot R_4}{R_2 + R_4} + R_3$$

b) Die Widerstände 3 und 4 sowie 5 und 7 sind jeweils parallel zu Widerstand 6 geschaltet. Der Teilwiderstand 34 567 ist in Reihe mit den Widerständen 1 und 2 geschaltet.
Es ergibt sich dann

$$\frac{1}{R_{34567}} = \frac{1}{R_3 + R_4} + \frac{1}{R_6} + \frac{1}{R_5 + R_7}$$

Wir bringen alles auf den Hauptnenner $(R_3 + R_4) \cdot R_6 \cdot (R_5 + R_7)$ und bilden dann den Kehrwert. Wir erhalten dann

$$R_{34567} = \frac{(R_3 + R_4) \cdot R_6 \cdot (R_5 + R_7)}{R_6 \cdot (R_5 + R_7) + (R_3 + R_4) \cdot (R_5 + R_7) + R_6 \cdot (R_3 + R_4)}$$

Schließlich folgt also

$$R = R_1 + R_2 + R_{34567}$$

Mit R_{34567} wie oben ausgerechnet.

Übungsaufgabe 32:

a) $C = \varepsilon_0 \cdot \varepsilon_{r,L} \cdot \frac{A}{d} = 3{,}2\text{pF}$, $Q = C \cdot U = 1{,}3\text{nC}$,
$E = \frac{U}{d} = 10\,\frac{\text{kV}}{\text{m}}$, $W_{el} = \frac{1}{2} C \cdot U^2 = 0{,}25\text{mJ}$

b) Wird die Spannungsquelle abgetrennt, so kann keine Ladung zu- oder abfließen. Die elektrische Ladung ist also wie in Teilaufgabe a). Die Kapazität erhöht sich beim Einbringen des Dielektrikums um den Faktor $\varepsilon_{r,D} = 3{,}0$. Wegen $U_D = \frac{Q}{C_D}$ muss dann also bei gleich bleibender Ladung die Spannung um den Faktor $\frac{1}{\varepsilon_{r,D}} = \frac{1}{3{,}0}$ sinken. Damit ist $U_D = \frac{400\text{V}}{3{,}0} = 130\text{V}$ (gerundet).

c) Das Elektroskop besitzt selbst eine Kapazität C_E. Bei der Messung sind Elektroskop und Kondensator parallel geschaltet. An Elektroskop und Kondensator liegt dann die gleiche Spannung an, laut Aufgabenstellung $U_E = 320\text{V}$.
Die Gesamtkapazität beträgt nun

$$C_{ges} = C + C_E$$

mit $C = 3{,}2\text{pF}$ wie in Aufgabenteil a) berechnet. Die Gesamtkapazität ist also erhöht im Vergleich zum einzelnen Kondensator. Dadurch sinkt bei gleichbleibender Gesamtladung die Spannung. Die Gesamtladung beträgt wie in Teilaufgabe a) $Q = 1{,}3\text{nC}$. Die Gesamtkapazität C_{ges} der Anordnung aus Elektroskop und Kondensator kann nun aus

$$C_{ges} = \frac{Q}{U_E}$$

berechnet werden. Für die Kapazität des Elektroskops beträgt dann

$$C_E = C_{ges} - C = \frac{Q}{U_E} - C = \frac{1,3nC}{320V} - 3,2pF = 0,86pF$$

d) Beim Auseinanderziehen der Platten bleibt hier die Spannung konstant, weil der Kondensator an die Spannungsquelle angeschlossen ist, die die Spannung auf ihrem festen Wert hält. Wegen $E = \frac{U}{d}$ sinkt dann mit wachsendem Plattenabstand d die elektrische Feldstärke. Daher wird die Auslenkung des Pendelchens geringer (bei kleinen Auslenkungen in guter Näherung proportional zur Feldstärke). Vgl. dazu auch Übungsaufgabe 26, Abschnitt 3.1.8.

Übungsaufgabe 33:

a) Möglichkeit 1: Alle Kondensatoren sind in Reihe geschaltet.
Wie in Beispiel 36 gilt dann

$$\begin{aligned} C &= \frac{C_1 \cdot C_2 \cdot C_3}{C_2 \cdot C_3 + C_1 \cdot C_3 + C_1 \cdot C_2} \\ &= \frac{1000\text{nF}^3}{(100 + 100 + 100)\,\text{nF}^2} = 3{,}3\text{nF}. \end{aligned}$$

Möglichkeit 2: Alle Kondensatoren sind parallel geschaltet.

$C = C_1 + C_2 + C_3 = 30\text{nF}$

Möglichkeit 3: Zwei Kondensatoren sind parallel geschaltet, einer ist dazu in Reihe geschaltet.

$$\frac{1}{C} = \frac{1}{C_1 + C_2} + \frac{1}{C_3} = \frac{1}{20\text{nF}} + \frac{1}{10\text{nF}} = \frac{3}{20\text{nF}}$$

Damit ist $C = \frac{20\text{nF}}{3} = 6{,}7\text{nF}$.

Möglichkeit 4: Zwei Kondensatoren sind in Reihe geschaltet, dazu ist ein Kondensator parallel geschaltet.
Für die beiden in Reihe geschalteten Kondensatoren berechnet sich die Ersatzkapazität aus

$$\frac{1}{C_{12}} = \frac{1}{C_1} + \frac{1}{C_2}$$

zu $C_{12} = 5{,}0\text{nF}$. Dann ist

$$C = C_{12} + C_3 = 15\text{nF}$$

b) Die Möglichkeiten 1 bis 4 werden in der gleichen Reihenfolge wie in Aufgabenteil a) behandelt.
Möglichkeit 1: Da bei der Reihenschaltung $U = U_1 + U_2 + U_3$ und alle Kondensatoren die gleiche Kapazität besitzen, ist $U_1 = U_2 = U_3 = 100\text{V}$.
Möglichkeit 2: Die Spannung entspricht bei der Parallelschaltung an allen Kondensatoren der Gesamtspannung, d. h. $U = U_1 = U_2 = U_3 = 300\text{V}$.
Möglichkeit 3: Es gilt $U = U_{12} + U_3$ und $U_1 = U_2 = U_{12}$ sowie $Q = Q_{12} = Q_3$. Dabei ist mit U_{12} die Ersatzspannung an den parallel geschalteten Kondensatoren 1 und 2 gemeint, mit Q_{12} ist entsprechend die Ersatzladung an den Kondensatoren 1 und 2 gemeint. Dann ist

$$U_3 = \frac{Q_3}{C_3} = \frac{Q}{C_3} = \frac{C \cdot U}{C_3} = \frac{6,7\text{nF} \cdot 300\text{V}}{10\text{nF}} = 200\text{V}$$

Also

$$U_{12} = U_1 = U_2 = U - U_3 = 300\text{V} - 200\text{V} = 100\text{V}$$

Möglichkeit 4: Es gilt $U = U_3 = U_{12} = 300\text{V}$, $U_1 + U_2 = U_{12}$ sowie $Q = Q_{12} + Q_3$ und $Q_{12} = Q_1 = Q_2$. Dann folgt

$$Q_{12} = Q - Q_3 = C \cdot U - C_3 \cdot U_3$$

und somit

$$U_1 = \frac{Q_1}{C_1} = \frac{Q_{12}}{C_1} = \frac{C \cdot U - C_3 \cdot U_3}{C_1}$$

$$= \frac{(15\text{nF} - 10\text{nF}) \cdot 300\text{V}}{10\text{nF}} = 150\text{V}.$$

Daraus folgt

$$U_2 = U_{12} - U_1 = 300\text{V} - 150\text{V} = 150\text{V}$$

Übungsaufgabe 34:

$$B = \frac{F}{I \cdot s} = \frac{0,15\text{N}}{8,0\text{A} \cdot 0,050\,\text{m}} = 0,38\frac{\text{N}}{\text{Am}} = 0,38\text{T}$$

Übungsaufgabe 35:

$$1\text{Tm}^2 = 1\frac{\text{N}}{\text{Am}}\text{m}^2 = 1\frac{\text{Nm}}{\text{A}} = 1\frac{\text{J}}{\frac{\text{C}}{\text{s}}} = 1\frac{\text{J}}{\text{C}}\text{s} = 1\text{Vs}$$

Übungsaufgabe 36:

Um die Induktionsspannung zu bestimmen, benötigen wir die Zeitableitung des magnetischen Flusses. Mit Hilfe der Kettenregel der Differentialrechnung erhalten wir

$$\dot{\Phi} = 1{,}0 \cdot 10^{-4}\,\text{Tm}^2 \cdot \cos\left(\frac{20}{\text{s}} \cdot t\right) \cdot \frac{20}{\text{s}}$$

$$= 2{,}0 \cdot 10^{-3}\,\frac{\text{Tm}^2}{\text{s}} \cdot \cos\left(\frac{20}{\text{s}} \cdot t\right).$$

Dann folgt

$$\begin{aligned}U_{ind} &= n \cdot \dot{\Phi} \\ &= 1000 \cdot 2{,}0 \cdot 10^{-3}\,\frac{\mathrm{Tm}^2}{\mathrm{s}} \cdot \cos\left(\frac{20}{\mathrm{s}} \cdot t\right) \\ &= 2{,}0\mathrm{V} \cdot \cos\left(\frac{20}{\mathrm{s}} \cdot t\right).\end{aligned}$$

Bemerkung: Dies ist eine *Wechselspannung*. Da sich der magnetische Fluss laut Aufgabenstellung sinusförmig (also periodisch) ändert, gilt dies auch für die Induktionsspannung. Ferner wurde beim Umrechnen der Einheiten im letzten Rechenschritt das Ergebnis aus Übungsaufgabe 35 verwendet.

Übungsaufgabe 37:

Da die Gefriertruhe *luftdicht* ist, handelt es sich um eine *isochore* Zustandsänderung, d. h. mit *konstantem Volumen*. Wir können dann das 2. Gesetz von Gay-Lussac anwenden:

$$\frac{p_1}{T_1} = \frac{p_2}{T_2} \quad \text{oder umgestellt} \quad p_2 = \frac{p_1 \cdot T_2}{T_1} = \frac{1010\mathrm{mbar} \cdot 255\mathrm{K}}{293\mathrm{K}} = 880\mathrm{mbar}$$

Der Unterdruck ist die Druckdifferenz außen/innen, also betragsmäßig 130mbar.

Übungsaufgabe 38:

a) *Die Zustandsgleichung des idealen Gases für Luft lautet*

$$p \cdot V = m \cdot R_{Luft} \cdot T$$

also

$$\rho = \frac{m}{V} = \frac{p}{R_{Luft} \cdot T} = \frac{101300\,\frac{\mathrm{N}}{\mathrm{m}^2}}{287\,\frac{\mathrm{J}}{\mathrm{kgK}} \cdot 273\mathrm{K}} = 1,29\,\frac{\mathrm{kg}}{\mathrm{m}^3}$$

Die Dichte von Wasser beträgt $1{,}0\,\frac{\mathrm{g}}{\mathrm{cm}^3} = 1000\,\frac{\mathrm{kg}}{\mathrm{m}^3}$, ist also etwa 775 Mal höher!

b) Aus a) wissen wir, dass bei Luft

$$\rho = \frac{p}{R_{Luft} \cdot T}$$

gilt. Da der Druck gleich bleibt (laut Aufgabenstellung), muss nur die veränderte Temperatur eingesetzt werden. Es folgt dann

$$\rho_2 = \frac{p}{R_{Luft} \cdot T_2} = \frac{101300\,\frac{\mathrm{N}}{\mathrm{m}^2}}{287\,\frac{\mathrm{J}}{\mathrm{kgK}} \cdot 293\mathrm{K}} = 1{,}20\,\frac{\mathrm{kg}}{\mathrm{m}^3}$$

Wie erwartet, nimmt die Dichte also ab.

Übungsaufgabe 39:

a) Der Wasserkocher verrichtet elektrische Arbeit und wandelt diese in Wärme um, die an das Wasser abgegeben wird:

$$P = \frac{W}{\Delta t} = \frac{Q}{\Delta t} = \frac{c \cdot m \cdot \Delta T}{\Delta t}$$
$$= \frac{4200\,\frac{\mathrm{J}}{\mathrm{kgK}} \cdot 1000\,\frac{\mathrm{kg}}{\mathrm{m}^3} \cdot 1{,}2 \cdot 10^{-3}\mathrm{m}^3 \cdot 84\mathrm{K}}{170s}$$
$$= 2500\,\mathrm{W} = 2{,}5\,\mathrm{kW}.$$

b) $$Q = c \cdot m \cdot \Delta T = 4200\,\frac{\mathrm{J}}{\mathrm{kgK}} \cdot 1000\,\frac{\mathrm{kg}}{\mathrm{m}^3} \cdot 1{,}2 \cdot 10^{-3}\mathrm{m}^3 \cdot 84\mathrm{K}$$
$$= 423\mathrm{kJ} = 0{,}12\mathrm{kWh}.$$

(Im letzten Schritt haben wir durch 3600 s geteilt und das Ergebnis gerundet.)

Übungsaufgabe 40:

a) $n = \frac{n_2}{n_1} = \frac{n_W}{n_G} = \frac{1{,}33}{1{,}52} = 0{,}875.$

b) Brechungsgesetz:

$$\frac{\sin\alpha}{\sin\beta} = \frac{n_2}{n_1} = \frac{n_W}{n_G} = \frac{1{,}33}{1{,}52} = 0{,}87$$

Mit $\beta = 60°$ folgt

$\alpha = \arcsin(0,875 \cdot \sin(60°)) = 49,3°$

Da ein Übergang vom optisch dichteren ins optisch dünnere Medium stattfindet, erfolgt eine Brechung vom Lot weg, was durch die Rechnung bestätigt wird, denn der Ausfallswinkel β ist größer als der Einfallswinkel α.

c) Die Bedingung lautet

$$\frac{\sin \alpha_{Grenz}}{\sin \beta_{Grenz}} = \frac{n_2}{n_1} = \frac{n_W}{n_G} = \frac{1{,}33}{1{,}52} = 0{,}875,$$

wobei $\beta_{Grenz} = 90°$, also $\sin \beta_{Grenz} = 1$. Daher gilt

$$\alpha_{Grenz} = \arcsin(0{,}875) = 61{,}0°$$

Übungsaufgabe 41:

a) Wir gehen aus von

$$\frac{1}{f} = \frac{1}{g} + \frac{1}{b} \quad \text{und} \quad \beta = \frac{b}{g}$$

Bei einem reellen nicht vergrößerten Bild gilt $\beta = 1$, also $b = g$. Einsetzen in die Abbildungsgleichung liefert

$$\frac{1}{f} = \frac{1}{g} + \frac{1}{g} = \frac{2}{g}$$

also $g = 2f$.
Stellt man das Objekt also in Entfernung der doppelten Brennweite vor der Linse auf, so entsteht ein genau gleich großes Bild. Man überprüfe dies durch eine Zeichnung.

b) Laut Aufgabenstellung gilt $\beta = \frac{b}{g} = -\frac{1}{2}$, also $b = -\frac{1}{2}g$. Eingesetzt in die Linsengleichung ergibt das

$$\frac{1}{f} = \frac{1}{g} - \frac{2}{g} = -\frac{1}{g}$$

Das bedeutet $g = -f$. Da eine Sammellinse (mit positiver Brennweite) vorliegt, müsste nun also die Gegenstandsweite g negativ sein, was ein Widerspruch ist. Ein virtuelles Bild mit Abbildungsmaßstab $\beta = -\frac{1}{2}$ kann also von einer Sammellinse nicht erzeugt werden.

Anhang 2: Einige Formelgrößen und Einheiten

Größe	Abkürzung	SI-Einheit
Geschwindigkeit	v	$1\,\frac{\text{m}}{\text{s}}$
Beschleunigung	a	$1\,\frac{\text{m}}{\text{s}^2}$
Kraft	$\vec{F}$	$1\,\frac{\text{kg m}}{\text{s}^2}\,(= 1\,\text{N})$
Arbeit	W	$1\,\frac{\text{kg m}^2}{\text{s}^2}\,(= 1\,\text{J})$
Leistung	P	$1\,\frac{\text{kg m}^2}{\text{s}^3}\,(= 1\,\text{W})$
Impuls	$\vec{p}$	$1\,\frac{\text{kg m}}{\text{s}}$
Frequenz	f	$1\,\frac{1}{\text{s}}\,(= 1\,\text{Hz})$
Ladung	Q	$1\ \text{A s}(= 1\,\text{C})$
Spannung	U	$1\,\frac{\text{kg m}^2}{\text{A s}^3}\,(= 1\,\text{V})$
Elektische Feldstärke	$\vec{E}$	$1\,\frac{\text{kg m}}{\text{A s}^3}$
Ohmscher Widerstand	R	$1\,\frac{\text{kg m}^2}{\text{A}^2\,\text{s}^3}\,(= 1\,\Omega)$
Kapazität	C	$1\,\frac{\text{A}^2\,\text{s}^4}{\text{kg m}^2}\,(= 1\,\text{F})$
Magnetische Flussdichte	$\vec{B}$	$1\,\frac{\text{kg}}{\text{A s}^2}\,(= 1\,\text{T})$
Eigeninduktivität	L	$1\,\frac{\text{kg m}^2}{\text{A}^2\,\text{s}^2}\,(= 1\,\text{H})$
Druck	p	$1\,\frac{\text{kg}}{\text{m s}^2}\,(= 1\,\text{Pa})$
Wärme	Q	$1\,\frac{\text{kg m}^2}{\text{s}^2}\,(= 1\,\text{J})$
Spezifische Wärmekapazität	c	$1\,\frac{\text{m}^2}{\text{s}^2\,\text{K}}$

Literaturverzeichnis

Die folgenden Lehrbücher und Formelsammlungen sind bewährte Werke für die ersten Semester. Im vorliegenden Buch wird auf sie verwiesen, und es kann an der einen oder anderen Stelle sinnvoll sein, einen Blick in diese Bücher zu werfen:

Lehrbuch Physik:

[1] E. Hering, R. Martin, M.Stohrer: Physik für Ingenieure, 12. Auflage, Springer, 2016.

Erweiterte Formelsammlung Physik:

[2] H. Kuchling: Taschenbuch der Physik, 21. Auflage, Hanser, 2014.

Vorkurs Mathematik:

[3] G. Walz, F. Zeilfelder und Th. Rießinger: Brückenkurs Mathematik: für Studieneinsteiger aller Disziplinen, 5. Auflage, Springer Spektrum, 2019.

Erweiterte Formelsammlung Mathematik:

[4] L. Papula: Mathematische Formelsammlung für Ingenieure und Naturwissenschaftler, 12. Auflage, Springer Vieweg, 2017.

Lehrbuch Mathematik:

[5] L. Papula: Mathematik für Ingenieure und Naturwissenschaftler Band 1, 15. Auflage, Springer Vieweg, 2018.

Weblink:

Unter vielen Homepages zur Schulphysik ist diese hervorzuheben: *http://www.leifiphysik.de*

Bildnachweise: Kapitelstartbilder

1 Einleitung: iStock.com/SlobodanMiljevic

2 Mechanik: iStock.com/ayagiz

3 Elektrizitätslehre und Magnetismus: iStock.com/Bosca78

4 Wärmelehre: iStock.com/photosoup

5 Strahlenoptik: iStock.com/Михаил Руденко (Michail Rudenko)

Index